化工生产作业违章行为典型案例及规范操作方法

本书编写组◎编

中国工人出版社

图书在版编目（CIP）数据

化工生产作业违章行为典型案例及规范操作方法/《化工生产作业典型违章行为及规范操作方法》编写组编写. —北京：中国工人出版社，2015.9

ISBN 978-7-5008-6248-2

Ⅰ.①化… Ⅱ.①化… Ⅲ.①化工企业—安全生产 Ⅳ.①TQ086

中国版本图书馆CIP数据核字（2015）第229294号

化工生产作业违章行为典型案例及规范操作方法

出 版 人	芮宗金
责任编辑	习艳群
责任校对	赵贵芬
责任印制	栾征宇
出版发行	中国工人出版社
地　　址	北京市东城区鼓楼外大街45号　邮编：100120
网　　址	http://www.wp-china.com
电　　话	（010）62350006（总编室）（010）62005039（营销出版部） （010）62382916（职工教育分社）
发行热线	（010）62005996　　（010）82075964（传真）
经　　销	各地书店
印　　刷	北京睿特印刷厂
开　　本	710毫米×1000毫米　1/16
印　　张	12.75
字　　数	227千字
版　　次	2015年12月第1版　2015年12月第1次印刷
定　　价	28.00元

前　　言

化工产业是国民经济发展的重要支柱。一方面，化工产业有力地促进了社会经济的发展，改善和提高了人们的生活水平；另一方面，化工生产具有高温、高压、易燃、易爆、易腐蚀、易中毒、高噪声等特点，较其他工业生产部门有着更大的危险性。在各类工业事故中，单化工生产一个门类就占了32.4%，所占比例最大，事故所造成的损失也最为严重。

这些悲惨事故中的绝大多数都属于责任事故，而事故的起因是各种各样的违章行为。海恩法则指出，每一起严重事故的背后，必然有29次轻微事故和300起未遂先兆以及1000起事故隐患。如2014年8月2日的昆山粉尘爆炸事故，事故发生前两个月，中荣就发生过燃烧事故，可惜没有引起足够的重视，一再的大意与麻木造成了这场悲剧。稻草之所以能压死骆驼，不在其重，而在其众。每一场事故发生的背后都是各种各样的违章行为，同时也应该看到还有多种挽救措施，只要有一样措施起作用，灾难都可避免。

本书按照常见的化工生产领域分类，共设十章，包括农药、化肥、橡胶、塑料、制药、石化、焦化、氯碱、制剂和其他领域，经过精心筛选对比，列举了相应领域内的有代表性的案例，并给出了案例的具体经过和危害，选取官方权威通报，全面分析其中各方面的原因，剖析其中的典型违章行为，并给出有针对性的预防措施和规范操作。

此外，作为本书最大的特点，在每个案例后边都给出了该案例中涉及的主要的操作规程或化工安全知识。虽然历史不会重演，但历史总是惊人的相似，本书共选取了四十七个经典案例，就相当于介绍了四十七个操作规程或者相关化工安全知识，可以让读者掌握更多的知识。本书不仅适用于化工生产一线的管理人员和工人，还可以作为相关专业大学毕业生的实践读本，以助其向工程技术人员转变。

要想避免生产事故，最重要的就是唤醒每一个人的安全意识，避免由违章行为引发的责任事故，这就是我们编写这本书的最大初衷。

一个人的安全不仅仅是自己的，它还牵动着每一个家庭，牵动着全社会的神经。安全是幸福的重要保障，只有保障了安全，才能最大程度地实现个人价值，实现个人梦，最终交汇成中华民族伟大复兴的中国梦。

在本书的编写过程中，编者阅读了大量著作、论文以及事故调查通报，不仅丰富了知识，也充实了编写的参考资料。在此，对这些文献的作者们表示至诚的谢意，也向在编写过程中提供了帮助和鼓励的同行朋友和同事表达深深的谢意。

由于编者学识水平有限，书中错误与不当之处在所难免，恳请广大读者批评指正。

编　者

2015 年 8 月

目　录

第一章

农药生产违章行为典型案例及规范操作办法

- 应急设备失灵　毒气酿成惨剧
- 废物管理违章　毒物分解泄漏
- 气瓶管理混乱　可燃气体爆炸
- 违反生产制度　涕灭威肟储罐泄漏
- 检修用铁锤　敲击引爆炸

一、应急设备失灵　毒气酿成惨剧

（一）案例：异氰酸甲酯储罐泄漏事故

1984年12月3日凌晨，美国联合碳化物公司在印度博帕尔的农药厂发生异氰酸甲酯（CH_3NCO，简称MIC）毒气泄漏事故，造成2.5万人直接致死，55万人间接致死，20多万人永久残废的人间惨剧。

1. 事故经过和危害

MIC是生产氨基甲酸酯类杀虫剂的中间体。MIC极不稳定，需要在低温下储存。博帕尔的MIC储存在两个地下冷冻储槽中，第三个储槽储存不合格的MIC。因为对杀虫剂的需求减少，1984年12月博帕尔的联合碳化物印度有限公司停止生产MIC。

1984年12月2日，第二班负责人命令MIC装置的操作工用水清洗管道。在操作前应该进行隔离，但被忽略了。而且几天前刚进行了检修，加上其他可能性，冲洗水进入了其中一个储槽。

23时，储槽的压力在正常范围内，23时30分，操作工发现MIC和污水从MIC储槽的下游管道流出，0时15分，储槽的压力升至206.84千帕（30磅/平方英寸），几分钟后达到379.21千帕（55磅/平方英寸），即最高极限。当操作工走近储槽时，他听到了“隆隆”声并且感受到储槽的热辐射。在控制室，操作工试图启动VGS系统，并通知总指挥。当总指挥到来时，命令将装置关闭。水喷淋系统已打开，但只能达到15米的高度，MIC的排放高度为33米。他们还试图启动制冷系统，但是因为没有制冷剂而宣告失败。至此，他们开始向社区发出毒气警报，但几分钟后报警声停止，只能用汽笛向工人发出警报。据称开始时汽笛引起误会，人们以为是装置发生了火灾而且准备参加灭火，而工人则错误地顺着毒气云的方向逃生。

安全阀一直开了两个小时，气、液、固三相以超过2001℃的温度、1241.06千帕（180磅/平方英寸）的压力释放到空气中。因为博帕尔城市发展很快，人口多，短时间内无法完全疏散，加上贫民区已建到工厂的围墙下面，简陋的屋子一点儿也起不到保护作用。城市的基础设施（如医院等）已无法应付这么巨大的灾难，仅有的两所医院其设施只能容纳千余人，而中毒人数是其10倍。

2. 事故原因分析

印度对博帕尔事故进行了调查，调查结果认为联碳公司在预防有害气体泄漏的措施上存在严重问题。

（1）1984年12月2日，为进行维修，关闭了设在排气管出口处的火炬装置。

（2）排气洗涤器和通水软管没有及时投入运行。

（3）缺乏预防事故的计划，对应付紧急事态毫无训练。

（4）未向居民发出警报。

（5）警报与操作采用手动方式控制，而不是通过计算机进行控制。

（6）安全装置的能力与紧急状态所预计的气体流量不相适应，在设计上存在着缺点和矛盾。

（7）冷冻系统呈闭止状态，不能满足低温储存条件，使MIC汽化后不能液化。

（8）对储罐内储存的具有潜在危险物质的相关特性不十分了解，而且所得到的信息不可靠。

（9）未装备在任何场合都能正确工作的气体泄漏早期预防系统等。

3. 事故预防

（1）在生产过程中，要自觉加强对危险品、危险源的管理，配合有关部门对危险品、危险源登记建档，以及定期检测、评估和监控，熟练掌握应急预案和紧急情况下应采取的应急措施。

（2）严格遵守安全生产规章制度和安全操作规程，熟练掌握本岗位的安全操作技能，掌握必要的安全生产知识，增强自身安全意识。

（3）明确安全生产责任制，坚决不违章操作。尤其是对于在拥有危险化学品的单位从业人员，在从事各生产环节和相关岗位时，要做到符合法律、法规、安全操作规程等规定，达到或保持规定的标准要求。

（4）努力提高自身文化素质，积极参加安全教育培训，加强基本功训练，做到合格后再上岗。对于新进人员，要自觉接受厂、车间、班组三级安全培训教育，以及单位组织的日常安全教育。

（二）应急设备的操作规程和培训

加强安全的工作的管理应该首先制订风险管理计划，包括制定操作规程，执行安全管理制度，在工厂员工中营造安全意识氛围，将安全操作视为与生产经营一样重要，制订全面培训计划，定期检查工厂设施和测试应急设备。

操作规程应详细说明工艺及设备的操作过程。它们应该提供正常的具体操作规程和操作过程中的紧急情况，以及紧急情况下的几种选择和一般常见的反应行动。

（1）正常具体操作规程应该包括以下几点：

◎ 工艺说明：化工工艺，即化工技术或化学生产技术，指将原料物主要经过化学反应转变为产品的方法和过程，包括实现这一转变的全部措施。化学生产过程一般可概括为三个主要步骤：原料处理、化学反应和产品精制。以上每一步都需在特定的设备中，在一定的操作条件下完成所要求的化学的和物理的转变。

◎ 设备说明：化学工业生产中所用的机器和设备的总称。化工生产中为了将原料加工成一定规格的成品，往往需要经过原料预处理、化学反应以及反应产物的分离和精制等一系列化工过程，实现这些过程所用的机械，常常都被划归为化工设备。

◎ 开车、停车和备用程序：在化工生产中，开、停车的生产操作是衡量操作工人水平高低的一个重要标准。随着化工先进生产技术的迅速发展，机械化、自动化水平的不断提高，对开、停车的技术要求也越来越高。开、停车进行的好坏，准备工作和处理情况如何，对生产的进行都有直接影响。开、停车是生产中最重要的环节。化工生产中的开、停车包括基建完工后的第一次开车，正常生产中的开、停车，特殊情况（事故）下突然停车，大、中修之后的开车等。

◎ 标准操作规程：一般企业为了方便管理，将一些操作记录下来，定一个标准的流程，新进员工可以按照这样的规程去操作，避免发生错误，给公司带来不必要的损失。

◎ 正常操作范围。

◎ 操作记录：建立生产记录、报表的编制、填写、审核与保管的规定，使之起到监控、追溯质量管理全过程的作用。

◎ 重大危险说明。

◎ 异常操作规程。

◎ 报警和泄放系统说明。

◎ 应急程序。

◎ 危险工作规程和个人安全设备。

◎ 通信程序。

◎ 维护保养进度表。

◎ 工艺或设备图。

◎ 控制回路。

一般规程集中于操作工艺或设备操作的具体行动，因此操作规程应该条理清晰，简单易懂，这方面检查表形式应用较多。在操作规程指南中，对于工艺和设备的详细说明也很重要。这使操作员清楚工艺参数波动的含义，可作为工艺失调早期诊断的有用工具。操作规程应该明确规定哪些是强制执行的程序。例如，如果工艺参数超过设定值时，哪些需要操作员自己判断并进行应急停车。

（2）在具体操作规程指南中，应指出最可能发生的异常和紧急事件，并给出相应的纠正措施。常见的应急情况包括以下几个方面：

◎ 关键工艺参数变化超过设定值（如反应器温度）。

◎ 仪表失效（如 PH 计发生偏离）。

◎ 公用设施失效（如反应器循环水中断）。

◎ 设备失效（如进料泵失效）。

◎ 容器破裂。

◎ 火灾或爆炸。

应该强调仪表失效可能是工艺状况失调或设备失效的反应，反之亦然。这些可能性应该在操作规程指南中提到，以养成在紧急情况发生时，确认仪表读数的规范操作。

（3）根据假设的紧急状况应该制定出应急反应行动。例如，连续搅拌式反应罐在正常操作时发生严重偏离，操作员可以有以下几种选择：

◎ 增加换热率。

◎ 减少或停止进料。

◎ 改变搅拌速度。

◎ 加入稀释剂。

◎ 钝化催化剂。

◎ 转移反应器内物料。

（4）一般常见的反应行动应包括：

◎ 把关键参数值调整在正常操作限内的补偿行动（如启动外部冷却系统以降低反应器的温度偏差）。

◎ 启动可控停车程序。

◎ 隔离管道、设备或工艺单元。

◎ 控制泄漏（如放空被破坏的储罐、开动水幕）。

◎ 根据有关程序通报中央控制室和其他部门。

◎ 启动消防程序。

◎ 报警。

◎ 起用个人防护设备。

◎ 单元疏散。

当危险情况恢复正常后，分析失控的原因也很重要，以避免未来同样的事件再次发生。

二、废物管理违章　毒物分解泄漏

（一）案例：焦油状废物分解泄漏事故

1973 年 5 月 10 日 19 时 45 分，日本一化工厂生产农药时，焦油状废物分解泄漏，受伤居民有 42 人之多。

1．事故经过和危害

1973 年 5 月 10 日 19 时 45 分，日本大分县化工厂制造农药的焦油状废弃物在储槽内开始自然分解。由于分解反应失控，分解出有恶臭的气体，通过维修孔盖子的间隙喷出来。在下风口住宅区的居民一时来不及避开，发生急性咽喉炎等症状的居民有 42 人之多。

2．事故原因分析

农药生产过程中的废水，含有水溶性的甲基乙羧酸钠。为净化废水，先经硫酸和过氧化氢处理得到熔点为 54℃的二聚体 DMTA，然后将这种焦油状废弃物加热至 60℃存于贮槽中，达到一定数量后再去烧掉。

贮槽为立式圆筒状，直径为 1500 毫米、高约 1700 米、容积约 2000 升，内有搅拌机和加热用的温水夹套。发生事故时，贮槽内装有焦油状物约 500L，废水约 100 升。这种焦油状物在与水共存的状态下加热到 80℃以上时，会发生强热的水解反应和放热反应，分解出 H_2S、CS_2、CH_3OH、CH_3SH、CH_3SCH、CH_3SCH_3、CH_3SSCH_3 等气体，其中 H_2S（54%）和 CH_3SH（24%）具有强烈的恶臭味。

夹套内通入压力为 0.6 兆帕蒸汽和工艺水。发生事故的当天，因清洗现场污物而使用部分工艺水，这样使蒸汽过剩，贮槽夹套的水温由 70℃上升到 90℃，促使焦油状物发生水解反应。后来虽然水温又降为 70℃，但因为是放热反应，贮槽内自然发热部分逐渐扩大，引起分解反应失控，分解气体的压力急速提高，水封装置破裂，维修孔盖被鼓破，从间隙处喷出气体，造成事故。

3．事故预防

（1）严格控制蒸汽供应，避免过多的蒸汽，使反应温度过高，副反应程度加强。

（2）应设置控冷设备，能赶在紧急情况下降低温度，控制反应。

（3）健全危险预警机制，能早发现早解决。

（二）危险废物管理制度

1．危险废物专用场地管理制度

（1）目的：确保危险废物的合理、规范、有效的管理。

（2）根据相关法律、法规的要求，生产过程中所排放的危险废物，必须送至危险废物专用储存点，并由专人管理危险废物的入、出库登记台账。

（3）危险废物储存点不得放置其他物品，应配备相关的消防器材及危险废物标示。

（4）应保持储存点场地的清洁，危险废物堆放整洁。

2．建立危险废物台账管理制度

（1）建立危险废物台账的依据。

《中华人民共和国固体废物污染环境防治法》第五十三条规定："产生危险废物的单位，必须按照国家有关规定制订危险废物管理计划，并向所在地县级以上地方人民政府环境保护行政主管部门申报危险废物的种类、生产量、流向、储存、处置等有关资料。"

（2）建立台账的意义和目的。

建立危险废物台账，如实记载产生危险废物的种类、数量、利用、贮存、处置、流向等信息，是危险废物管理计划制订的基础性内容，是危险废物申报登记制度的基础，是生产单位管理危险废物的重要依据。

提高危险废物管理水平以及危险废物申报登记数据的准确性、可靠性。

（3）建立危险废物台账的要求。

跟踪记录危险废物在生产单位内部运转的整个流程。与生产记录相结合，建立危险废物台账。

3．发生危险废物事故报告制度

（1）为及时掌握环保事故，加强环境监督管理，特制定本制度。

（2）环保事故分为速报和处理结果报告二类。速报从发现环保事故，一小时以内上报；处理结果报告在事故处理完后立即上报。

（3）速报可通过电话、传真、派人直接报告等形式报告市环保局。处理结果报告采用书面报告。

（4）速报的内容包括：环保事故发生的时间、地点、污染源、主要污染物质、经济损失数额、人员受害情况等初步情况。

（5）处理结果报告在速报的基础上，报告有关确切数据、事故发生的原因、过程及采取的应急措施、处理事故的措施、过程和结果，事故潜在或间接的危害、社会影响、处理后的遗留问题、参加处理工作的有关部门和工作内容、出具有关危害与损失的证明文件等详细情况。

4．环境保护岗位责任制

（1）贯彻执行国家、上级有关部门及公司安全生产、环境保护工作的方针、法律、法规、政策和制度，负责本单位的安全（环保）监督、管理工作。

（2）组织制定、修订并完善本企业职业安全卫生管理制度和安全技术规程、各项环境保护制度，编制安全（环保）技术措施计划，并监督检查执行情况。

（3）参加本单位建设项目的安全（环保）“三同时”监督，使其符合职业安全卫生技术要求。

（4）深入现场对各种直接作业环节进行监督检查，督促并协助解决有关安全问题，纠正违章作业，检查各项安全管理制度的执行情况。遇有危及安全生产的紧急情况，有权令其停止作业，并立即报告有关领导。

（5）负责对环境保护方针、政策、规定和技术知识的宣传教育，检查监督执行情况，搞好环境保护，实现文明生产。

三、气瓶管理混乱　可燃气体爆炸

（一）案例：农药机械厂氧气瓶爆炸事故

1992年2月17日13时50分，山东潍坊某农药机械厂发生一起氧气瓶爆炸事故，导致4人死亡，30多人受伤。

事故发生后，经潍坊市中级人民法院裁决，供气单位赔偿该厂直接经济损失3788万元，间接经济损失3168万元，合计6956万元。

1. 事故经过和危害

潍坊某农药机械厂是一个生产农用喷雾器和小型装载机的集体企业。1992年2月17日上午9时，供气单位送来17个氧气瓶。下午1时50分，制作二车间从仓库领出其中2个准备使用，2名气焊工站在氧气减压表前，打开气瓶阀门放气时，2个氧气瓶爆炸，1个溶解乙炔气瓶爆炸着火，气焊工等3人当场死亡，4人重伤，在医院抢救过程中又死亡1人，轻伤30余人。

2. 事故原因分析

事故发生后，有关部门派人参加了调查分析，排除了人为破坏、碰撞、震动、受热、超温、超压、回火、瓶体缺陷等爆炸因素，认为这是一起瓶内混入了可燃性气体，在用户使用过程中发生爆炸的重大责任事故。

通过调查发现，造成这次事故的主要原因是氧气瓶管理混乱。因氧气生产供大于求，各制氧企业为招揽用户，片面强调简化手续，对用户送来的空瓶和拉出的充氧气瓶都不做任何检查登记，将不属于本厂的气瓶也拉回厂内使用，使得多数气瓶在不同的制氧企业和用户中循环周转。因此，各制氧企业和用户都不愿为氧气瓶的维修花钱，使得氧气瓶的胶圈、瓶帽等安全附件缺损，得不到及时更换修理，气瓶外表严重脱漆。有的气瓶瓶色已难以辨认，也无人重新进行喷涂；有的气瓶已超出安全检测周期，也无人送检验部门检测，甚至已检测判废的气瓶也被从废品收购站卖出，重新在社会上流通使用。一些使用瓶装氢、氧、氮等多种气体的企业，气瓶使用、保管、运输管理不严，存在混存、混放、混装、混卸现象，这些现象都容易酿成事故。

这起事故，先后有2个氧气瓶爆炸。一个气瓶为粉碎性爆炸，瓶体炸碎成300余块，有的碎片离爆炸现场158.4米，碎片总质量比氧气瓶设计质量少4千克；另一气瓶受到第一个气瓶爆炸产生的热辐射和冲击波影响而发生物理性殉爆，瓶体炸成4块，每块边缘呈膨胀减薄撕裂状，4块碎片质量与气瓶设计质量基本相等；一溶解乙炔气瓶被氧气瓶爆炸碎片击穿4个孔洞，乙炔气、丙酮逸出失火，产生大量浓烟。

通过现场调查分析认为，第一个爆炸气瓶，是因为内部混入了可燃性气体，在操作工打开气瓶阀门放气时，高压气体与瓶嘴摩擦，达到点火点而引起化学性爆炸。

3. 事故预防

（1）紧密配合单位相关部门检查监督所使用的氧气瓶是否是自备的或定点供应的，并确保专瓶专用。

（2）接触氢、氧、氮等多种气瓶的从业人员，要严格遵守气瓶管理制度，协助相关人员对进出的各气瓶要及时进行检查登记，防止混瓶事故发生。

（3）要检查钢瓶的安全附件是否齐全完好，钢瓶质量是否合格，是否在安全检测周期以内，瓶体着色是否规范明显，瓶内气压、气体成分是否合格。

（4）发现气瓶存在问题时要立即上报气瓶管理部门，同时全力配合整改。

（5）认真学习《安全生产法》《危险化学品安全管理条例》等相关法律法规，以及企业内部制定的重大危险源管理制度，明确企业的重大危险源。另外，配合相关部门做好重大危险源登记建档、定期检测、评估与监控等工作，熟知应急预案和在紧急情况下应采取的应急措施，积极参加单位组织的演练活动。

（二）工业气瓶安全管理规定

1. 目的

工业气瓶（含蓄能器，下同）虽然结构简单，但瓶内承受压力高，使用介质性质、使用环境各异，极易引发火灾、爆炸事故。为规范公司内以及相关方对工业气瓶的管理和使用，保障公司安全生产的正常秩序，特制定本规定。

本规定适用于需要使用正常环境温度（−40℃～60℃）下，公称工作压力大于或等于0.2兆帕（表压），并且压力与容积的乘积大于或等于1.0兆帕·升的盛装气体、液化气体和标准沸点等于或低于60℃的液体的气瓶（不含灭火用气瓶、呼吸器用气瓶、非重复充装气瓶等）的公司各部门、相关方（外协施工单位）。

2．引用文件

（1）特种设备监察条例。

（2）气瓶安全监察规定。

（3）GB16163-1996 瓶装压缩气体分类。

（4）GB7144-1999 气瓶颜色标志。

3．管理职责

（1）特种设备管理部门负责气瓶的综合管理工作。

（2）采购部门应确保采购工业气体时的气瓶和气体符合公司安全生产要求。

（3）气瓶贮存保管单位应落实专人负责气瓶入库检验、保管、发放、回收工作，并做好记录。

（4）气瓶使用单位应落实管理责任人，负责气瓶使用全过程的安全管理。

（5）安全生产管理部门负责对气瓶安全管理的监督、检查工作，并反馈、督促责任单位整改安全隐患。

（6）相关方使用的气瓶由发包方实施管理。

4．工业用气体的分类

（1）永久气体（临界温度小于 -10℃）：氧气、氮气、氢气、氩气、一氧化碳、煤气。

（2）高压液化气体（临界温度大于或等于 -10℃，且小于或等于 70℃）：六氟化硫、二氧化碳。

（3）低压液化气体（临界温度大于 70℃）：氯气、氨气。

（4）溶解气体：乙炔。

5．工业气瓶检验

（1）工业气瓶应按规定检验合格，由检测机构在瓶颈或瓶圈上加盖钢印，并颁发合格证。

（2）检验周期：氧气、煤气瓶四年，乙炔瓶三年，惰性气体瓶五年。

（3）气瓶在使用过程中发现有下列情况的，应提前检验。

◎ 瓶体或附件严重腐蚀、损伤或变形。

◎ 对瓶内填料、溶剂的质量有怀疑。

◎ 有回火、烧灼或表面漆色发黑的痕迹。

6．供应方管理

（1）工业气体采购部门应督促供气单位提供合法的营业执照、安全生产许可证、危化品经营许可证、道路运输经营许可证、工业气瓶产品合格证、产品质量证明书、定期检验合格证等相关复印件，并明确相关方安全职责。

（2）供气单位提供的工业气瓶外表颜色、字样和色环，必须符合国家标准GB7144《气瓶颜色标记》的规定。

（3）供气单位的工业气瓶应专瓶专用，不得改装其他气体。

（4）气瓶运输车辆应无安全隐患并配备灭火器；禁止氧气瓶、乙炔瓶混放（包括空瓶）；气瓶应配备瓶帽和防震圈；立放时，气瓶必须妥善固定，且车厢高度不得低于瓶高的三分之二；卧放时，气瓶头部应方向一致，且堆放高度不得超过车厢高度，进入公司应减速慢行，并按指定线路行驶。禁止在防火、防爆重点部位、要害部位和有明火的场所附近停车，因特殊情况需停车时，驾驶员和押运员不得同时离开。

（5）装卸气瓶时应轻装轻卸，禁止抛、滚、滑、碰和倒置；装卸现场禁止烟火，并配备足量的灭火器。

7．收发贮存管理

（1）收发贮存保管人员应持证上岗。

（2）氮气分装人员应持证上岗。

（3）气瓶贮存保管单位需建立验收制度，指定专人对气瓶的入库与发放及回收实行登记制度（登记内容应包括：气瓶类别、编号、定检周期、外观检查、入或出库时间和领用单位、管理责任人等）。

（4）气瓶贮存保管单位每周对工业气瓶的收、发货情况以及使用情况进行检查，设备管理部门、安全生产管理部门不定期对使用、发放、管理情况进行检查。

（5）收货时必须检查气瓶外观和标志等。对盛装气体进行确认，并做好验收记录，对不符合下列要求之一的拒绝接收。

◎ 无充灌合格证的。

◎ 气瓶外观有缺陷及腐蚀、有机械性损伤和严重腐蚀的。

◎ 不在有效的使用、检验周期内，无气瓶检验钢印和不能识别的气瓶。

◎ 漆色及标志不明显的。

◎ 字样和色环标记不符合规定，没有气瓶警示标签。

◎ 安全附件不齐全、完好（包括专用爆破片、安全阀、易熔合金塞、瓶阀、瓶帽、防震阀、防震圈等）。

（6）贮存管理

◎ 气瓶存放的固定专用库房应符合《建筑设计防火规范》的有关规定，库房内应避免阳光直射，与明火或散发火花地点的距离不得小于 15 米，并有良好的通风、降温措施。不得有地沟、暗道和底部通气孔，并且禁止任何管线穿过。

◎ 存放区应有专人管理，设置醒目的安全标志，并配备足量的灭火器。

◎ 空瓶和实瓶应分开存放，并有明显的标志。

◎ 各种气瓶禁止同室混存（包括氧气、乙炔及易燃物品等）。

◎ 气瓶储存时应排放整齐，盖好瓶帽。立放时，要妥善固定，并应有防止倾倒的措施；卧放时，气瓶头部朝同一方向。

8. 使用管理

（1）工业气瓶使用部门（含相关方）必须落实管理责任人，对使用过程实施全程监控。

（2）气瓶使用前，使用单位应指定专人对钢印标记、色标及安全状态进行确认，对不符合安全技术规定的气瓶不得投入使用。

（3）使用人必须按照使用说明书的要求操作。

（4）气瓶的放置地点，不得靠近热源和电器设备。与明火的水平距离不得小于 10 米，氧气瓶、乙炔瓶水平距离不得小于 5 米。

（5）气瓶使用时，必须直立，禁止卧放使用。

（6）气瓶禁止敲击、碰撞，严禁在瓶体上引弧，禁止将气瓶放置在电绝缘体上使用。

（7）气瓶禁止放置在通风不良或有放射性射线源的场所使用。

（8）使用过程中应采取措施防止气瓶受暴晒或烘烤，禁止用 40℃以上的热源对气瓶进行加热。

（9）移动作业时，应采用专用小车搬运，禁止氧气瓶、乙炔瓶同车搬运。

（10）瓶阀出口处必须配置专用的减压器和回火防止器，按规定放气流量、放气压力使用。

（11）气瓶使用过程中，开闭瓶阀的专用扳手应始终装在瓶阀上。暂时中断使用时，必须关闭焊、割工具阀门和瓶阀，禁止手持点燃的焊、割工具调节减压阀或开闭瓶阀。

（12）气瓶使用过程中，发现泄漏要及时处理，禁止在泄漏的情况下使用。

（13）使用气瓶的单位和个人不得自行对瓶阀、易熔合金塞等附件进行修理和更换。禁止对在用气瓶瓶体和底座进行焊接修理。

（14）气瓶内气体禁止用尽，必须留有充足压力或重量。永久气体气瓶的剩余压力应不小于 0.05 兆帕。

（15）工作现场的同类气瓶，同一地点放置数量不得超过 4 瓶，不同气瓶存放应保持安全距离。

四、违反生产制度　涕灭威肟储罐泄漏

（一）案例：涕灭威肟储罐泄漏事故

1985 年 8 月 11 日，美国联碳公司发生涕灭威肟泄漏事故，致使 6 人受伤，135 人中毒。

1. 事故经过和危害

据调查，涕灭威肟是从一个容量为 5000 加仑的储罐中泄漏出来的。当时，储罐内有 500 加仑 35% 的涕灭威肟和 65% 的二溴甲烷溶液，由于储罐内过热，造成 2800 磅涕灭威肟分解物，700 磅二溴甲烷溶液和 300 磅残渣泄漏。

2. 事故原因分析

（1）该储罐设有夹套，夹套内蒸汽加热，因蒸汽管线的阀门误开或未完全关闭，蒸汽一直未停，致使储罐内储存物过热，导致沸腾。

（2）储罐内溶液沸腾后，内压升高。

（3）储罐本体的泄压管防爆管破裂，泄漏溶液产生的大量蒸汽随之从安全阀喷出。

（4）泄压管与致泄集管相连，正常情况下进入集管的气体通过分离罐、除毒塔后从烟囱排入大气。但大量蒸汽从储罐安全阀喷出进入集管后，压力上升，致使分离罐上部的防爆板跳开，蒸汽从此处直接排入大气。

（5）储罐本体上设两个入孔，入孔盖的密封垫圈也因储罐内压异常上升而破坏，蒸汽也由此处直接排入大气。

调查还表明，该厂尽管强化了毒物泄漏防止措施，但仍发生泄漏事故，而改进中设置的计算机联机报警装置在泄漏发生后未发挥作用，也未及时向地方当局通报和向居民发出警报，致使很多居民中毒。

3. 事故预防

（1）严格遵守生产设施安全管理制度，熟练掌握危险品储罐等装置上安装的紧急断流装置的使用方法，同时要及时维护保养生产设施，做好生产设施台账，配合专人定期检查。

（2）配合有关人员做好对危险品、危险源的管理和定期建档，以及协助对危险品、危险源的定期检测、评估和监控，加强学习应急预案，熟知在紧急情况下应采取的应急措施，避免遭受更大的损失和伤害。

（3）熟练掌握本岗位的安全操作技能，同时要自觉接受单位组织的安全教育和培训，通晓必备的安全生产知识，增强自身安全意识。

（二）危险化学品安全管理条例之生产存储安全

（1）国家对危险化学品的生产、储存实行统筹规划、合理布局。

国务院工业和信息化主管部门以及国务院其他有关部门依据各自职责，负责危险化学品生产、储存的行业规划和布局。

地方人民政府组织编制城乡规划，应当根据本地区的实际情况，按照确保安全的原则，规划适当区域专门用于危险化学品的生产、储存。

（2）新建、改建、扩建生产、储存危险化学品的建设项目（以下简称建设项目），应当由安全生产监督管理部门进行安全条件审查。

建设单位应当对建设项目进行安全条件论证，委托具备国家规定的资质条件的机构对建设项目进行安全评价，并将安全条件论证和安全评价的情况报告报建设项目所在地设区的市级以上人民政府安全生产监督管理部门；安全生产监督管理部门应当自收到报告之日起 45 日内作出审查决定，并书面通知建设单位。具体办法由国务院安全生产监督管理部门制定。

新建、改建、扩建储存、装卸危险化学品的港口建设项目，由港口行政管理部门按照国务院交通运输主管部门的规定进行安全条件审查。

（3）生产、储存危险化学品的单位，应当对其铺设的危险化学品管道设置明显标志，并对危险化学品管道定期检查、检测。

进行可能危及危险化学品管道安全的施工作业，施工单位应当在开工的 7 日前书面通知管道所属单位，并与管道所属单位共同制订应急预案，采取相应的安全防护措施。管道所属单位应当指派专门人员到现场进行管道安全保护指导。

（4）危险化学品生产企业进行生产前，应当依照《安全生产许可证条例》的规定，取得危险化学品安全生产许可证。

生产列入国家实行生产许可证制度的工业产品目录的危险化学品的企业，应当依照《中华人民共和国工业产品生产许可证管理条例》的规定，取得工业产品生产许可证。

负责颁发危险化学品安全生产许可证、工业产品生产许可证的部门，应当将其颁发许可证的情况及时向同级工业和信息化主管部门、环境保护主管部门和公安机关通报。

（5）危险化学品生产企业应当提供与其生产的危险化学品相符的化学品安全技术说明书，并在危险化学品包装（包括外包装件）上粘贴或者拴挂与包装内危险化学品相符的化学品安全标签。化学品安全技术说明书和化学品安全标签所载明的内容应当符合国家标准的要求。

危险化学品生产企业发现其生产的危险化学品有新的危险特性时，应当立即公告，并及时修订其化学品安全技术说明书和化学品安全标签。

（6）生产实施重点环境管理的危险化学品的企业，应当按照国务院环境保护主管部门的规定，将该危险化学品向环境中释放等相关信息向环境保护主管部门报告。环境保护主管部门可以根据情况采取相应的环境风险控制措施。

（7）危险化学品的包装应当符合法律、行政法规、规章的规定以及国家标准、行业标准的要求。

危险化学品包装物、容器的材质以及危险化学品包装的型式、规格、方法和单件质量（重量），应当与所包装的危险化学品的性质和用途相适应。

（8）生产列入国家实行生产许可证制度的工业产品目录的危险化学品包装物、容器的企业，应当依照《中华人民共和国工业产品生产许可证管理条例》的规定，取得工业产品生产许可证；其生产的危险化学品包装物、容器经国务院质量监督检验检疫部门认定的检验机构检验合格，方可出厂销售。

运输危险化学品的船舶及其配载的容器，应当按照国家船舶检验规范进行生产，并经海事管理机构认定的船舶检验机构检验合格，方可投入使用。

对重复使用的危险化学品包装物、容器，使用单位在重复使用前应当进行检查；发现存在安全隐患的，应当维修或者更换。使用单位应当对检查情况作出记录，记录的保存期限不得少于 2 年。

（9）危险化学品生产装置或者储存数量构成重大危险源的危险化学品储存设施（运输工具加油站、加气站除外），与下列场所、设施、区域的距离应当符合国家有关规定：

①居住区以及商业中心、公园等人员密集场所。

②学校、医院、影剧院、体育场（馆）等公共设施。

③饮用水源、水厂以及水源保护区。

④车站、码头（依法经许可从事危险化学品装卸作业的除外）、机场以及通信干线、通信枢纽、铁路线路、道路交通干线、水路交通干线、地铁风亭以及地铁站出入口。

⑤基本农田保护区、基本草原、畜禽遗传资源保护区、畜禽规模化养殖场（养殖小区）、渔业水域以及种子、种畜禽、水产苗种生产基地。

⑥河流、湖泊、风景名胜区、自然保护区。

⑦军事禁区、军事管理区。

⑧法律、行政法规规定的其他场所、设施、区域。

已建的危险化学品生产装置或者储存数量构成重大危险源的危险化学品储存设施不符合前款规定的，由所在地设区的市级人民政府安全生产监督管理部门会同有关部门监督其所属单位在规定期限内进行整改；需要转产、停产、搬迁、关闭的，由本级人民政府决定并组织实施。

储存数量构成重大危险源的危险化学品储存设施的选址，应当避开地震活动断层和容易发生洪灾、地质灾害的区域。

本条例所称重大危险源，是指生产、储存、使用或者搬运危险化学品，且危险化学品的数量等于或者超过临界量的单元（包括场所和设施）。

（10）生产、储存危险化学品的单位，应当根据其生产、储存的危险化学品的种类和危险特性，在作业场所设置相应的监测、监控、通风、防晒、调温、防火、灭火、防爆、泄压、防毒、中和、防潮、防雷、防静电、防腐、防泄漏以及防护围堤或隔离操作等安全设施、设备，并按照国家标准、行业标准或国家有关规定对安全设施、设备进行经常性维护、保养，保证安全设施、设备的正常使用。

生产、储存危险化学品的单位，应当在其作业场所和安全设施、设备上设置明显的安全警示标志。

（11）生产、储存危险化学品的单位，应当在其作业场所设置通信、报警装置，并保证处于适用状态。

（12）生产、储存危险化学品的企业，应当委托具备国家规定的资质条件的机构，对本企业的安全生产条件每3年进行一次安全评价，提出安全评价报告。安全评价报告的内容应当包括对安全生产条件存在的问题进行整改的方案。

生产、储存危险化学品的企业，应当将安全评价报告以及整改方案的落实情况报所在地县级人民政府安全生产监督管理部门备案。在港区内储存危险化学品的企业，应当将安全评价报告以及整改方案的落实情况报港口行政管理部门备案。

（13）生产、储存剧毒化学品或者国务院公安部门规定的可用于制造爆炸物品的危险化学品（以下简称易制爆危险化学品）的单位，应当如实记录其生产、储存的剧毒化学品、易制爆危险化学品的数量、流向，并采取必要的安全防范措施，防止剧毒化学品、易制爆危险化学品丢失或者被盗；发现剧毒化学品、易制爆危险化学品丢失或者被盗的，应当立即向当地公安机关报告。

生产、储存剧毒化学品、易制爆危险化学品的单位，应当设置治安保卫机构，配备专职治安保卫人员。

（14）危险化学品应当储存在专用仓库、专用场地或者专用储存室（以下统称专用仓库）内，并由专人负责管理；剧毒化学品以及储存数量构成重大危险源的其他危险化学品，应当在专用仓库内单独存放，并实行双人收发、双人保管制度。

危险化学品的储存方式、方法以及储存数量应当符合国家标准或者国家有关规定。

（15）储存危险化学品的单位应当建立危险化学品出入库核查、登记制度。

对剧毒化学品以及储存数量构成重大危险源的其他危险化学品，储存单位应当将其储存数量、储存地点以及管理人员的情况，报所在地县级人民政府安全生产监督管理部门（在港区内储存的，报港口行政管理部门）和公安机关备案。

（16）危险化学品专用仓库应当符合国家标准、行业标准的要求，并设置明显的标志。储存剧毒化学品、易制爆危险化学品的专用仓库，应当按照国家有关规定设置相应的技术防范设施。

储存危险化学品的单位应当对其危险化学品专用仓库的安全设施、设备定期进行检测和检验。

（17）生产、储存危险化学品的单位转产、停产、停业或者解散的，应当采取有效措施，及时、妥善处置其危险化学品生产装置、储存设施以及库存的危险化学品，不得丢弃危险化学品；处置方案应当报所在地县级人民政府安全生产监督管理部门、工业和信息化主管部门、环境保护主管部门和公安机关备案。安全生产监督管理部门应当会同环境保护主管部门和公安机关对处置情况进行监督检查，发现未依照规定处置的，应当责令其立即处置。

五、检修用铁锤　敲击引爆炸

（一）案例：氯化车间苯低位槽爆炸事故

1981年9月21日上午8时40分，黑龙江省某化工厂氯化车间六六六工段，在修理4号苯低位槽扣克时发生爆炸，当场炸死3人，轻伤3人。

1．事故经过和危害

1981年9月20日，氯化车间分析工关某到六六六工段一楼4号苯低位槽取样化验，由于液面计扣克生锈，关某从根部扳，导致苯外流不止，他便用木塞把漏孔堵住。第二天一上班，车间副主任冉某就叫维护工段长卜某派人修理。卜某当即派钳工商某带两名工人到现场修理，在修理时因断管头拧不下来，他们用铁手锤、铁尖铲往下剔，结果砸出火花，引起爆炸，在场3人当场死亡。

2．事故原因分析

（1）操作者违章检修是事故的直接原因，六六六工段是甲级防爆区，操作规程中明文规定“不准用铁器敲击”，并备有检修用的铜手锤。但钳工商某等检修4号苯低位槽时，却用铁手锤砸铁尖铲往下剔管头，严重违反制度规定，砸出火花，引起爆炸。

（2）车间副主任冉某在布置这项检修任务时，对槽内液体未处理只让打光，未提安全问题，这是不符合安全技术要求的。

3．事故预防

（1）熟练掌握岗位安全操作规程并严格履行，遵从生产设施安全使用和维修管理制度，采取有效的措施控制生产和维修过程中的风险，杜绝违章操作。

（2）积极学习安全知识，参加技术教育，在生产过程中严格遵守生产及检修程序。

（3）恪守安全生产管理制度，从内心重视安全生产，在遇到事故后要及时采取有效的措施，避免遭受更大的人身或财产伤害。

（二）设备维护检修安全技术规程

（1）设备操作人员对所操作的设备必须做到“四懂三会”，并严格做到专机专人负责（“四懂”即懂设备结构、懂设备工作原理、懂设备性能及在生产中的作用、懂设备可能发生的故障及预防处理措施;“三会”即会操作、会维护、会小修）。

（2）操作人员必须正确的使用设备，不准超温、超压、超速、超负荷运转，操作过程应做到按规定顺序启动，做好运转中的调整工作，做好故障预防及正确处理，按规定顺序停车，安全保护装置要保证完整好用。

（3）操作人员应保持设备的清洁卫生，对润滑油的使用必须做到“五定三过滤”（“五定”即定质、定量、定时、定点、定人员；“三过滤”即大桶转到小桶一次滤、小桶转到油壶一次滤、油壶转到加油站一次滤）。

（4）操作人员必须做好停用设备的防冻、防锈、防火等安全维护工作。杜绝“四漏一跑”，即漏油、漏水、漏气、漏瓦斯和跑油。

（5）装置运行中需要检修的设备，在拆卸前要检查出入口阀是否关严，压力表是否有余压。关键的设备与系统连接处要加好盲板，并办理维修工作票后方能解体检修。

（6）在拆卸停用设备的法兰、泵盖或气泵、压缩机出入口单项阀盖时，不能一下将所有螺栓拿下，防止设备内积存油喷出伤人。

（7）设备布置比较紧凑的地方，在巡回检查及拆装检查时，不得用手或手持其他物体直接触及设备的转动部分。设备裸露的转动部位，必须加必要的安全防护装置。

（8）检修液态烃泵、溶剂泵、轻油泵、催化气机以及走溶剂的过滤机等设备时，装卸零部件要使用铜棒、铜锤等不易产生火星的工具，更不许擅自动火。

（9）在检修大型主要设备如转鼓真空过滤机、主风机等设备时，要切断电源，写上标志。

（10）维修工人要正确地使用各种工具，用力适当。检修工具要做到专用化，不得随意乱用代用，以免损坏设备配件或造成伤亡事故。

（11）严格掌握主要设备的检修周期，定期强制检修，使设备有计划地长期安全运行。

（12）各种设备检修后，必须进行详细检查、试运，使其达到运行条件后方可投入使用。

第二章

化肥生产违章行为典型案例及规范操作办法

- 榔头敲铁锈　煤气猛爆炸
- 氨水未清除　施工引爆炸
- 用管有违规　泄漏致爆炸
- 水煤气憋压　发生炉爆炸
- 试车有违章　压缩机爆炸

一、榔头敲铁锈　煤气猛爆炸

（一）案例：合成氨厂循环槽爆炸事故

1973 年 7 月 31 日上午 8 时，浙江省某市化学工业公司合成氨厂造气车间脱硫 1 号循环槽发生爆炸，事故造成 3 人死亡，1 人重伤，2 人轻伤。

1．事故经过和危害

1973 年 7 月 31 日上午 8 时，该厂造气车间脱硫 1 号循环槽槽体外壁进行除锈防腐，当时有 3 名工人在循环槽槽盖上用小榔头敲打槽盖上的铁锈，几分钟后循环槽突然发生剧烈爆炸。爆炸时，槽盖西侧入孔处半边的钢板被掀起，将槽盖上的 3 名工人抛上高空，其中 1 人被抛至离 1 号循环槽 55.2 米处；1 人被抛起后撞在 2 号脱硫塔外壁 10 米左右高处；1 人落在离 1 号循环槽 16 米处，均当场死亡。另外，槽盖上的一块钢板被炸飞出，打在北边脱硫厂房二、三层楼之间的砖墙上，向东掉落到加热器西侧，砸伤 1 名女工，造成重伤。此外，由于爆炸冲击波震碎脱硫厂房玻璃窗多块，碎玻璃落下时，造成工人轻伤。

2．事故原因分析

由于脱硫塔中的脱硫液流进循环槽时，泡沫态和溶解态煤气也同时流入循环槽，槽体与大气相通，压力比脱硫塔低。因此，煤气在槽内析出后，与空气混合，逐渐形成具有爆炸危险性的混合气体。当工人用铁榔头除锈时，由于敲打槽盖钢板产生火花，引致爆炸。

3．事故预防

（1）加强全厂含有易爆气体的槽、罐的管理。凡是这类槽、罐，都标明“严禁烟火，严禁敲击”的字样，确实需要敲打时应经过危险分析，使用铜手锤敲打。

（2）积极接受单位组织的安全教育，恪守安全管理的规章制度。严格执行检修、维修票的审批手续，特别是动火证的审批手续。

（二）煤气操作规程

1．煤气总则

（1）严格执行冶金部和公司颁发的煤气安全规程和规定。

（2）凡接触煤气设备操作、维护、检修及管理人员应学习本规程有关条例，经考试合格后，方可参加工作。

（3）凡接触煤气设备的非直接操作人员，必须经煤气安全教育合格后，方可工作。

（4）为确保煤气设备操作人员的人身安全，夜间工作时必须有足够的照明（36V 电源、二层平台处）。

（5）煤气设备的低压或一氧化碳报警器，由煤气专业人员管理，要定期进行灵敏度检验。

（6）煤气设备严禁用铁器敲打，以保证设备完好并防止产生火花引起煤气泄漏或爆炸（包括煤气管路）。

（7）煤气设备的改建和大中修等完工后，要经煤气负责人和热工技术人员验收合格，方可投入使用。有关技术文件要存档备案。

（8）每季用肥皂水检查一次煤气压力、流量导管及接头处的煤气泄漏情况，发现泄漏及时处理。

（9）煤气设备的严密性检验，应用压缩空气或氮气进行，严禁用水压试验。新用或检修后的煤气设备都要进行泄漏试验。

（10）煤气设备有缺陷时，操作人员应立即报告班长、段长、煤气负责人、安全员及调度室，立即采取安全处理措施。

（11）如发生煤气中毒、爆炸、起火事故时，应立即采取相应的急救措施。并拨打煤气急救电话、火警电话，同时报告调度室。不准冒险抢救，煤气泄漏用 CO 报警仪事后进行检查。

（12）在煤气区，不准有明火和易燃物等，以免引起火灾。如需在煤气设备上动火，必须取得煤气动火许可证后方可进行。

（13）无关人员不许在煤气区域逗留。严禁在隐蔽不通风的地方休息，特别是煤气管道和转动机械及炉体附近（炉底层和二层平台）。

（14）凡在第一类、第二类煤气危险区工作，必须具备以下条件：

◎ 必须有煤气防护人员在场。

◎ 参加工作人员必须佩戴氧气呼吸器，并经煤气知识考试合格，佩戴煤气区域出入证。

◎ 必须有经批准的煤气危险区工作计划和许可证方可施工。

（15）煤气危险区工作计划和许可证的办理，必须是在两天前由工段负责人提出申请，经安全及煤气负责人签字同意后执行。

2．煤气使用安全注意事项

（1）使用煤气人员必须进行煤气安全技术知识教育，懂得煤气设备操作、煤气爆炸、煤气中毒和火灾处理等技术知识，经考试合格后才能工作，否则不准使用煤气。

（2）煤气的使用由专人负责，非操作人员未经许可不准动用炉内、外的所有阀门。

（3）正常使用的煤气设备和阀门，要经常检查，如发现煤气管道有裂纹和法兰盘、开闭器等漏煤气时，要及时报告领导处理。

（4）发现煤气时，谨防人员中毒。凡发现煤气着火时，应迅速排除或用石棉被盖好附近的易燃易爆物品，凡着火地点威胁电源时，应立即切断电源。

（5）混合煤气压力低于 3000 帕时，不得放煤气入炉。

（6）放煤气入炉前，经爆发试验，连续 3 次合格后，方可送煤气。取样方法步骤必须遵守《操作规程》。

（7）置换煤气时（吹扫或引气过程中），严禁在煤气设施上拴拉电焊机二次线。煤气设施周围 40 米内严禁火源。

（8）煤气设备发生事故，原因不明时，不准送煤气。

（9）点炉前，应将烟道闸板打开，启动引风机排除烟道及炉内可能泄漏的煤气。

（10）点燃煤气时，必须先点火后开煤气阀门，并且要小开阀门，点燃后，再由小往大调整，两人以上操作。

（11）点火时，如第一次没点着，不要继续点火，必须将残余煤气排出，再按第（10）条重新点火。

（12）点燃后正常使用煤气时，不要把阀门开得过大，以防煤气大量流出，不能充分燃烧，造成中毒或爆炸。

（13）当煤压力降到 3000Pa 时，应立即组织作停炉处理。

（14）用完煤气要关闭好阀门。如长期停炉，要进行吹扫，将煤气吹扫干净，并加堵盲板，以免漏出煤气，引起爆炸和中毒。

（15）停烧时，要先关煤气阀门，后关风阀。

3．煤气检修与维护安全注意事项

（1）煤气及附属设备，每班应定期进行检查，发现问题及时处理，不得拖延时间，煤气区域维修人员不得少于 2 人。

（2）煤气设备、管道和阀门应做出定期的检修计划，按项目进行检查，发现问题及时处理。

（3）严禁在煤气设备和管道附近设置易燃及有腐蚀液体的管道。

（4）煤气管道发生冻结或堵塞时，可用蒸汽加热管道，绝对禁用明火烘烤管道，防止发生起火或爆炸。

（5）煤气设备停用时，应用氮气（或蒸汽）吹扫管道 1.5 ～ 2 小时，然后堵上盲板。

（6）煤气切断装置、压力表或蒸汽、氮气接头，应有专人控制操作。

（7）煤气危险区的一氧化碳浓度定期测定，在关键部位应设置一氧化碳检测装置。

（8）在有煤气的情况下，抽堵盲板、修理阀门、导管时，必须佩戴氧气呼吸器，氧气呼吸器的使用由经过专门培训的人员进行，并且要有煤气防护站人员在场监护。

（9）凡处理煤气设备内部时，要取空气样作一氧化碳含量分析。

（10）凡处理煤气设备和煤气管道时，当放散管开着时，管道附近不准有明火，以防引起火灾或爆炸。

（11）煤气设施停煤气检修时，必须可靠地切断煤气来源，并将内部煤气吹净。长期检修或停用煤气设施，必须打开上下孔、放散管，保持设施内的自然通风。

（12）每次进入设备内部的工作人员，时间间隔至少在 2 小时以上。

（13）经一氧化碳含量分析后，允许进入煤气设备内工作时，应采取防护措施并设专职监护人。

（14）进入煤气设备内部工作时，安全取样分析时间不得早于动火前半小时，检修动火工作中每 2 小时必须重新分析，工作中断后，恢复工作前半小时，也要重新分析，取样要有代表性，防止失误。

（15）带煤气作业时，工作场所应备有必要的联系信号、煤气压力表及风向标志等，距工作场所 10 米内，禁止火源，并采取防止着火的措施，与工作无关人员要离开作业点 40 米以外。距作业点 10 米以外才可以安设投光器。

（16）进入管内检查前要先将管内有害气体吹扫干净，要设专人看管入口，检查完毕要检验人数，以防误封入口。在管内工作，管内温度不得超过40℃，要打开两头入孔，将露在外面的皮肤涂上防护油，戴上风帽、风镜和面罩。

（17）在煤气区动火时，在有安全动火证的前提下，在动火前必须准备好沙子、蒸汽管、黄泥和沙袋子等防火用具，并将易燃物带走，用黄泥和石棉绳将泄漏煤气的地方堵严，才允许动火。由煤气负责人同安全员等有关人员检查工具、设备和氧气呼吸器等。

（18）在运行中的煤气设备上动火，设备内煤气应保持正压，动火部位要可靠接地，在动火部位附近要装压力表或与附近仪表室联系。压力表必须有专人看守，而且必须用电焊，严禁用气焊动火。

（19）在停产的煤气设备上动火，除去空气分析以外，还应将煤气设备内的易燃物清扫干净或通上蒸汽，确认在动火过程中不形成爆炸性混合气体。

（20）煤气设施着火时，应逐渐降低煤气压力，通入大量氮气，但煤气设施内煤气压力最低不得小于100帕。严禁关闭煤气阀或封水阀，以防回火爆炸。

（21）当直径小于或等于1000毫米的煤气管道起火，可直接关闭煤气阀门灭火。

（22）发生煤气爆炸事故后，应立即切断煤气来源，迅速将残余煤气处理干净（保护现场）。

（23）抢救煤气事故的所有人员，都必须服从统一领导和指挥。事故现场应划出危险区域，布置岗哨，阻止非抢救人员进入。进入煤气危险区的抢救人员必须佩戴氧气呼吸器，严禁用不适合防止煤气中毒的器具。

（24）排放冷凝水注意事项：

◎ 不要将煤气放出，以防中毒；

◎ 经常定期排放，以保证煤气质量及安全，排放完应将阀门关死；

◎ 非工作人员严禁进入冷凝水排放小房，防止煤气中毒。

（25）长期停用，大、中修或改修的煤气设备，投入使用前必须做严密性试验，试验前做到以下几点：

◎ 检查确有盲板，切断煤气管道。

◎ 在检查管道内部时，必须有安全照明。

◎ 检查所有水封，排水器进水，排水管上的开关位置，测量水封排水器，水位高度必须符合安全标准。

（26）煤气检修高空作业时，一定要系好安全带、注意安全。

（27）冬季对煤气设备要采取蒸汽保温措施，以防冻结。

（28）为保证煤气工人的身体健康，煤气工人每年要进行两次体检。

二、氨水未清除 施工引爆炸

（一）案例：化肥厂氨水罐爆炸事故

1993年9月18日，河南辉县某化肥厂合成车间碳化工段在检修焊接管道过程中，引起氨水罐爆炸，3名工人当场死亡。

1. 事故经过和危害

1988年，该化肥厂第二套尿素投产后，碳化工段的碳酸氢铵生产基本停止。1993年6月，为满足当地农民的需求，计划再生产一部分碳铵。为此，对碳化工段进行检修，8月底基本结束。尚有氨水槽顶部一条1米长的环焊缝裂缝未补焊，氨水罐放空管和循环氨水罐放空管差230毫米未连接。9月14日，合成车间安排碳化工段长负责完成这两项补焊和接管任务，由车间安全员负责这两项工作的安全措施审批、监督、检查工作。

9月16日17时30分，工段长和车间安全员完成了对氨水罐（直径4.4米，高7米）顶部裂开的长1米的环焊缝的补焊任务。

为连接对焊氨水罐顶部和循环氨水罐（南面）顶部直径219毫米横放空管，工段长于9月17日上午8时与安全员共同制订两管对接的安全措施方案。

17日，对氨水罐和南面的循环氨水罐的两放空管进行一天的置换、吹净工作。18日上午7时30分，又接着开蒸汽对两放空管进行吹净。同时向南边循环氨水罐中加清水，水从另一个直径57毫米放空管中流出。这一切动火安全措施办完后，由安全员办理了动火证，交电焊工动火。工段长为了落实动火证上“焊线必须接在焊接部位”的要求，又专门备用了较长的地线。指定维修工为检修工作的现场安全监护员，负责监护氨水罐周围的意外易燃物。9时20分，电焊工割去氨水槽顶部放空管南端堵头。工段长和2名维修工均站在氨水罐封头上作业，配置直径219毫米放空管短节，当气割将放空管割开后，安全员离开现场到其他岗位检查去了，工段长到车间办公室去了，经过两次气割配合才将短节点焊上去。10时40分，在焊接短节时氨水罐发生爆炸，上封头飞出，罐上作业的焊工和2名维修工当场死亡。

2．事故原因分析

（1）事故发生的直接原因

根据物质燃烧爆炸的三个条件，查找可燃物和助燃物的来源。

①从氨水罐底部液位计取桶内水分析，发现原 9 月 16 日加入的清水变为 40tt（滴度）的稀氨水，20 日打开氨水罐底部的入孔，发现罐底 400 毫米深的氨水，上部只有 150 毫米深为氨水，下部 250 毫米均为污泥铁锈和碳铵结晶杂质。罐内闻到浓烈刺鼻的氨味和硫化氢气味。取罐底污泥杂物 100 毫升与清水 120 毫升混合搅拌，待澄清后分析水样，即变为 34tt 的稀氨水。又取罐内污泥与氨水置一小容器内经 28℃温度加热，点火试爆进一步证实。罐内置换时原有清水向外排放时进入了空气（20% 氧）助燃物。

②未放完的罐底 400 毫米深水和污泥混合后，经 9 月 17 日一天和 18 日 10 时之前 28℃气温加热后，清水成为氨水。氨水继续挥发至罐内空间成为可燃物。

③在分析火源时，先排除气割时的火花。

◎ 在气割氨水罐顶部直径 219 毫米横放空管南端堵头时，南、北两管蒸汽均未停止吹净，只是气量减小。

◎ 氨水罐顶部所插挡板的直径在 350 毫米以上，大于法兰。挡板上平面有 4 个螺母被上边法兰压在挡板上，火星很难进入，同时挡板上平面被螺母支撑的空隙，不断向外流水和蒸汽。

◎ 现场人员通过事故后甩向罐北边的直径 219 毫米放空管看到，北边管上的堵头板已经割掉，长 230 毫米的短管已经点焊上去。进一步证实气割点焊时并未造成事故，又发现焊机接地线未按动火证要求连接，而是接在氨水罐铁爬梯下距地面 1 米处。氨水罐顶部法兰上松动的螺丝成为唯一电焊时的大电流导体。松动的螺钉在焊接时因接触不良，极易在法兰挡板下面产生火花，成为引爆氨水罐顶放空管法兰下部管内可燃混合气的火源。

（2）管理上存在的问题

①检修焊接氨水罐顶部放空管，检修人员又全部站在可燃易爆的氨水罐上进行作业，对于这种严重的违章作业行为，工段长、安全员没有采取措施制止。安全员认为，9 月 16 日氨水罐动火前已全部充满清水，充满清水的氨水罐是安全的，根本不用考虑罐内的不安全因素，罐上作业也就用不着制止了。

在爆炸事故发生后，安全员还不相信氨水罐是空的，并怀疑爆炸时水是否被溅出。直到 2 名操作工和工段长证实后，才使安全员和调查组成员明白水已于16日晚放完。水放完也无人向安全员作过交代，而且安全员也没有再做二次检查，这是造成事故的一个重要因素。负责此项检修任务的工段长承认，是自己于16日18时30分通知维修工把氨水罐水放掉的，目的是晚上氨水过多时，作为备用罐使用。经16日晚和17日一天，氨水罐内已分解挥发出大量可燃气体，18日再行作业时未能重新置换加水。这是造成此次事故的一个主要原因。

②电焊机接地线，没按动火证要求接在爬梯上，这成为爆炸事故的火源。经查实，焊线是电焊工在气割管道之后，安全员、工段长离开现场时，图方便接在下面的。在焊接管道时，焊线不准搭在其他设备上作为导电体，这是焊工十分清楚的（动火证安全措施第七条有明确规定）。由此看来，电焊工也有不可推卸的责任。这是造成这次事故的另一个主要原因。

③现场安全监护员未尽到现场安全监护的责任。

3．事故预防

（1）严格执行动火证的审批手续。

（2）严格按照动火的要求条件操作，按照规程连接电焊机接地线。

（3）在生产过程中，要自觉配合有关部门对危险品、危险源的管理，定期检测、评估和监控。熟练掌握应急预案和紧急情况下应采取的应急措施。

（二）氨水的注意事项

1．危险性概述

（1）侵入途径：吸入、食入。

（2）健康危害：吸入后对鼻、喉和肺有刺激性，引起咳嗽、气短和哮喘等；可因喉头水肿而窒息死亡；可发生肺水肿，引起死亡。氨水溅入眼内，可造成严重损害，甚至导致失明，皮肤接触可致灼伤。

（3）慢性影响：反复低浓度接触，可引起支气管炎。皮肤反复接触，可致皮炎，表现为皮肤干燥、痒、发红。如果身体皮肤有伤口，一定要避免接触伤口以防感染。

2．急救措施

（1）皮肤接触：立即用水冲洗至少15分钟。若有灼伤，就医治疗。对少量皮肤接触，避免将物质播散面积扩大。患者注意保暖并且保持安静。

（2）眼睛接触：立即提起眼睑，用流动清水或生理盐水冲洗至少15分钟。或用3%硼酸溶液冲洗。立即就医。

（3）吸入：迅速脱离现场至空气新鲜处。保持呼吸道通畅。呼吸困难时给予输氧。呼吸停止时，立即进行人工呼吸，就医。如果患者食入或吸入该物质，不要用口对口的方式进行人工呼吸，可用单向阀小型呼吸器或其他适当的医疗呼吸器。脱去并隔离被污染的衣服和鞋。

（4）食入：误服者立即漱口，口服稀释的醋或柠檬汁，就医。吸入、食入或皮肤接触该物质可引起迟发反应。确保医务人员了解该物质相关的个体防护知识，注意自身防护。

3．消防措施

（1）危险特性：易分解放出氨气，温度越高，分解速度越快，可形成爆炸性气体。若遇高热，容器内压增大，有开裂和爆炸的危险。与强氧化剂和酸剧烈反应。与卤素、氧化汞、氧化银接触会形成对震动敏感的化合物。接触下列物质能引发燃烧和爆炸：三甲胺、氨基化合物、1-氯-2，4-二硝基苯、邻-氯代硝基苯、铂、二氟化三氧、二氧二氟化铯、卤代硼、汞、碘、溴、次氯酸盐、氯漂、有机酸酐、异氰酸酯、乙酸乙烯酯、烯基氧化物、环氧氯丙烷、醛类。腐蚀某些涂料、塑料和橡胶。腐蚀铜、黄铜、青铜、铝、钢、锡、锌及其合金。

（2）灭火方法：雾状水、二氧化碳、沙土。

4．泄漏应急处理

疏散泄漏污染区人员至安全区，禁止无关人员进入污染区，建议应急处理人员佩戴自给式呼吸器，穿化学防护服。不要直接接触泄漏物，在确保安全的情况下堵漏。用大量水冲洗，经稀释的洗水放入废水系统。也可以用沙土、蛭石或其他惰性材料吸收，然后以少量加入大量水中，调节至中性，再放入废水系统。如大量泄漏，利用围堤收容，然后收集、转移、回收或无害处理后废弃。

5．操作处置与储存

储存于阴凉、干燥、通风处。远离火种、热源。防止阳光直射。保持容器密封。应与酸类、金属粉末等分开存放。露天贮罐夏季要有降温措施。分装和搬运作业要注意个人防护。搬运时要轻装轻卸，防止包装及容器损坏。运输按规定路线行驶，勿在居民区和人口稠密区停留。

三、用管有违规　泄漏致爆炸

（一）案例：违规用管致爆炸事故

2000 年 12 月 30 日，山东省肥城市某化肥厂发生一起爆炸事故，事故造成 2 人死亡，6 人轻伤。

1. 事故经过和危害

2000 年 12 月 30 日 17 时 11 分左右，合成操作工突然发现直径 1000 毫米合成塔底部有泄漏现象，在立即采取紧急停车措施并向调度室报告的瞬间，发生了爆燃（时间为 17 时 12 分），事故发生后，立即采取了一系列紧急扑救措施，至 18 时 20 分事故得到全面控制。

经查，爆燃是由直径 1000 毫米合成塔底部副线异径管爆裂引起的，爆燃将在路上行走的本厂 2 名职工当场烧死，并有 6 人被爆燃引起的冲击波震碎的门窗玻璃划成轻伤。

2. 事故原因分析

根据事故发生的情况综合分析，发生这次异径管爆裂引起爆燃的主要原因，是由于异径管所使用的钢材长期处于 200℃左右使用，碳向晶界析出，介质中的游离氢向钢材中扩散，并在晶界与碳结合形成甲烷，导致晶界严重开裂和材料基体严重脱碳。晶界开裂和脱碳导致材料的严重脆化和强度降低。

3. 事故预防

（1）按照国家的相关规定，配合单位有关部门对高压管道和高压管件及时进行全面检测，对存在隐患的管道或管件要及时上报有关部门进行处理。

（2）配合单位管理人员做好压力容器和压力管道的检验管理工作，监督其对压力容器和压力管道的检验周期、检验次数和抽检比率。

（3）遵守安全生产规章制度，服从生产现场管理，自觉履行安全操作规程，坚决拒绝违反劳动纪律，确保自身和企业安全。

（二）工业管道维护规程

管道维护分为在线检查维护和全面检查维护。在线检查维护为日常巡查维护；全面检查维护周期一般为 2 年。

1. 在线检查维护项目和内容

（1）操作人员必须按照操作规程使用管道，定时巡回检查。

（2）检查管子及法兰、管件、阀门等组成件泄漏情况。

（3）绝热层和防腐层检查：检查绝热层有无破损、脱落等情况，防腐层是否完好。

（4）运行状态检查：检查管子有无异常振动情况；管道内部有无异常声音；有无超温、超压、超负荷和过冷；管道有无发生液击。

（5）位置与变形检查：检查管道的位置是否符合相关规范和标准的要求，管道之间及管道与相邻设备之间有无相互碰撞及摩擦，管道是否存在挠曲、下沉以及异常变形等。

（6）支吊架检查：检查支吊架是否脱落、变形、腐蚀、损坏或焊接接头开裂；支架与管道接触处有无积水现象；恒力弹簧支吊架转体位指示是否越限；变力弹簧支吊架是否异常变形、偏斜或失载；刚性支吊架状态是否异常；吊杆及连接配件是否损坏或异常；转导向支架间隙是否合适，有无卡涩现象；阻尼器、减振器位移是否异常；液压阻尼器液位是否正常；承载结构与支撑辅助钢结构是否有明显变形；主要受力焊接接头是否有宏观裂纹。

（7）管道平台、爬梯、走梯的检查：检查是否有脱焊、断裂、锈蚀现象。

（8）阀门检查：检查阀门表面是否存在腐蚀现象，阀门表面是否有裂纹、严重缩孔等缺陷，阀门连接螺栓是否松动，阀门操作是否灵活。

（9）法兰检查：法兰是否偏口，紧固件是否齐全并符合要求，有无松动和腐蚀现象；法兰面是否发生异常翘曲、变形。

（10）膨胀节检查：波纹管膨胀节表面有无划痕、凹痕、腐蚀穿孔、开裂等现象，波纹管波间距是否正常、有无失稳现象，铰链型膨胀节的绞链、销轴有无变形、脱落等损坏现象，拉杆式膨胀节的拉杆、螺栓、连接支座有无异常现象。

（11）冷凝水排出器检查：检查煤气管道冷凝水排出器的工作情况及排水情况是否正常，应保持水量满流，排水畅通，如发现堵塞、击穿、泄漏、腐蚀等情况要及时处理。

（12）检查蒸汽管道疏水器，水暖管道的排水阀、放气阀是否正常。

（13）对有阴极保护装置的管道应检查其保护装置是否完好。

（14）对有蠕胀测点的管道应检查其蠕胀测点是否完好。

（15）检查管道标志是否符合国家现行标准的规定。

（16）检查安全保护装置运行是否良好。

（17）检查有无违章接取管道现象，如发现及时汇报厂调度室及车间负责人。

2. 全面检查维护项目和内容

（1）在线检查维护的全部项目。

（2）检查管道支吊架的间距是否合理。

（3）检查管道组成件有无损坏、变形，表面有无裂纹、褶皱、重皮、碰伤等缺陷。

（4）检查焊接接头（包括热影响区）是否存在宏观的表面裂纹。

（5）检查焊接接头的咬边和错边量。

（6）检查管道是否存在明显的腐蚀，管道与管架接触等部位有无局部腐蚀。

（7）合金钢管道及高温高压管道螺栓材质不明的，应采用化学分析、光谱分析等方法确定材质。

（8）测厚检查：需重点管理的管道或有明显腐蚀和冲刷减薄的弯头、三通、管径突变部位及相邻直管部位应取定点测厚或抽查的方式进行壁厚测定。定点测厚发现问题时，应扩大测厚范围，根据测厚结果，可缩短定点测厚间隔期或采取监控等措施。

（9）管道剩余厚度的抽查测定。管道的弯头、三通和直径突变部位的抽查比例如下：煤气管道大于等于 20%，其他介质管道大于等于 5%。上述被抽查的每个管件，测厚位置不得少于 3 处；上述被抽查管件与直管段相连的焊接接头的直管段一侧应进行厚度测量，测量位置不得少于 3 处。不锈钢管道、介质无腐蚀性的管道可适当减少测厚抽查比例。

（10）宏观检查中，符合下列条件应进行表面无损检测抽查。

◎ 绝热层破损或可能渗入雨水的奥氏体不锈钢管道的相应部位。

◎ 处于应力腐蚀环境中的管道。

◎ 长期承受明显交变载荷管道的焊接接头和容易造成应力集中的部位。

◎ 检验人员认为有必要的，对支管角焊缝等部位。

（11）对于由工作介质（如含湿硫化氢）可能引起应力腐蚀的碳钢和低合

金钢管道，一般应选择有代表性的部位进行硬度检验。

（12）对于使用寿命接近或已超过设计寿命的管道，检验时应进行金相检验或硬度检验，必要时应取样进行力学性能试验或化学成分分析。

（13）每年对管道进行一次防静电接地电阻和法兰之间接触电阻值的测定。管道对地电阻值不得大于 10 欧，法兰间的电阻值应小于 0.03 欧。

3．耐压强度校验和应力分析

（1）管道的全面减薄量超过公称厚度的 10% 时，应进行耐压强度校验。

（2）存在下列情况之一的管道，必要时应进行管系应力分析：有较大变形、挠曲；法兰经常性泄漏、破坏；管段应设而未设补偿器或补偿器失效；支吊架异常损坏；严重的全面减薄。

4．压力试验

在用工业管道应按一定的时间间隔进行压力试验，具体要求如下：

（1）经全面检验的管道一般应进行压力试验。

（2）管道有下列条件之一时，应进行压力试验。

◎ 经重大修理改造的。

◎ 使用条件变更的。

◎ 停用 2 年以上重新投用的。

（3）对新建或改建的煤气管道应进行压力试验。

◎ 对新建成或改造后的煤气管道各连接部位和焊缝，经检查合格后，才能进行试验。

◎ 试验过程中，如遇见泄漏或其他故障，未经研究许可，不得带压修理，修理完毕后，要重新再试。

◎ 煤气管道的严密性试验压力规定，室内煤气管道为计算压力加 1.5×10^4 帕，但不小于 3×10^4 帕，室外煤气管道为计算压力加 5×10^3 帕，但不小于 2×10^4 帕。

◎ 试压过程中，应对法兰、焊缝、阀门用肥皂试漏，试压 2 小时，设备泄漏率不得超过 1%。

◎ 新建或改造的煤气管道必须有设计说明书、设计变更通知单、施工后实际图纸、试压及验收记录，方可投产。

对因使用条件变更而进行压力试验的管道，在压力试验前应经强度校核合格。

四、水煤气憋压　发生炉爆炸

（一）案例：水煤气发生炉设备憋压发生爆炸

1994年4月19日上午9时30分，江西省丰城某化肥厂6号水煤气发生炉在使用过程中发生爆炸，造成4人死亡，5人重伤，直接经济损失达30万元。

1．事故经过和危害

1994年4月19日上午9时30分，江西省丰城某化肥厂6号水煤气发生炉在使用过程中发生爆炸，致使数吨重的炉体倾塌，700千克重的炉条机碎块炸飞至距炉体13米远处，事故造成4人死亡，5人重伤，直接经济损失达30万元。

2．事故原因分析

（1）违章操作致使设备憋压。操作工人违反操作规程，设备运行前不检查汽包安全阀下截止阀的状态，运行时也不注意观察压力表，而闭合状态的截止阀使其上面的安全阀失去了保护作用，夹套筒体内产生的蒸汽使夹套和汽包内的压力上升超过其所能承受的极限压力，强度最薄弱的夹套内筒体破坏。

（2）设备有重大安全隐患。1993年9月，使用单位对夹套内筒体鼓包进行修理，既未报告锅炉压力容器安全监察部门，又未制订修理方案、焊接工艺标准等，更未进行必要的检验和检测，焊接质量极差，设备强度不足。

（3）使用单位压力容器安全意识淡薄，管理混乱。此设备1989年运行至发生爆炸事故之日，未到劳动部门办理使用登记手续，也从未安排定期检验，设备的修理由本厂无证焊工进行。

3．事故预防

（1）设备运行前，检查汽包安全阀下截止阀的状态，运行时注意观察压力表。

（2）设备修理应制订切实可行的方案，并报有关部门审批备案。

（二）一氧化碳中毒急救措施

1．安全防护和急救措施

（1）工作场所有良好的通风设施。穿戴好规定的防护用品和防毒面具。

（2）严禁使用明火加热或用铁制工具敲打设备、管道。

（3）检修和处理泄漏时，必须使用隔离式防毒面具。

（4）急性中毒患者，立即使其脱离中毒现场，送医院急救。

（5）听到有毒气体泄漏报警时，戴好防毒面具沿风向垂直方向，撤离到上风向安全区域。

2．应急措施

（1）发现一氧化碳中毒者，立即把患者移到新鲜空气处，注意安静和保暖，如果呼吸困难，应采取人工呼吸，尽可能输以氧气，送医院治疗。

（2）当一氧化碳气体着火时，首先切断气源，用二氧化碳、干粉灭火器灭火。

五、试车有违章 压缩机爆炸

（一）案例：改扩建生产线试车过程中爆炸

2007 年 7 月 11 日 23 时 50 分，山东省德州市平原县某化工集团有限公司一分厂 16 万吨 / 年氨醇、25 万吨 / 年尿素改扩建项目试车过程中发生爆炸。事故造成 9 人死亡，1 人受伤。

1．事故经过和危害

该公司一分厂 16 万吨 / 年氨醇、25 万吨 / 年尿素生产线于 2007 年 6 月开始单机试车，7 月 5 日单机调试完毕，由企业内部组织项目验收。7 月 10 日，2 号压缩机单机调试、空气试压（试压至 18 兆帕）、二氧化碳置换完毕。7 月 11 日 15 时 30 分，开始正式投料试车，先开 2 号压缩机组，引入工艺气体（氮气、氢气混合气体），逐级向 2 号压缩机七段（工作压力 24 兆帕）送气试车。23 时 50 分，2 号压缩机七段出口管线突然发生爆炸，气体泄漏引发大火，造成 8 人当场死亡，1 人因大面积烧伤抢救无效于 14 日凌晨 0 时 10 分死亡，1 人轻伤。事故还造成部分厂房顶棚坍塌和仪表盘烧毁。

事故发生时先后发生两次爆炸。经对事故现场进行勘查和分析，一处爆炸点是在 2 号压缩机七段出口油水分离器之后、第一角阀前 1 米的管线，另一处爆炸点是在 2 号压缩机七段出口两个角阀之间的管线（第一角阀处于关闭状态，第二角阀处于开启状态）。

2．事故原因分析

据分析，此次爆炸为物理爆炸。事故发生的直接原因是 2 号压缩机七段出口管线存在强度不够、焊接质量差、管线使用前没有试压等问题。

3．事故预防

（1）全面了解岗位工作责任和危险源、危险品，积极参加安全教育和培训，严格按照安全生产规章制度和安全操作规程进行试车生产。

（2）监督配合单位所在地的安全监管部门对建设项目进行安全审查，对不符合项进行积极整改。

（3）协助有关部门加强建设工程的管理，熟知应急预案，掌握在遇到事故时要及时采取的各项有效措施。

（二）化工装置安全试车十个严禁

（1）试车方案未制订和备案，严禁试车。

（2）试车组织指挥和安全管理机构不健全、制度不完善、人员不到位、责任不落实，严禁试车。

（3）参与试车人员未经培训和考核合格，严禁试车。

（4）应急救援预案和措施不落实，严禁试车。

（5）安全设施未与主体工程同时投入使用，严禁试车。

（6）特种设备未经依法检测检验合格，严禁试车。

（7）装置未经清洗、吹扫、置换、试验合格，严禁试车。

（8）现场施工未完成、场地未清理、道路不通畅，严禁试车。

（9）装置区域人员限制措施未实施、无关人员未撤离，严禁试车。

（10）试车过程中出现故障或异常时，原因未查明、隐患未消除，严禁继续试车。

第三章

橡胶生产违章行为典型案例及规范操作办法

- 甲苯有泄漏　硝化装置爆炸
- 树脂粉末泄漏　引发连续爆炸
- 车间通风差　碰撞引大火
- 违反“三同时”　扩建线爆炸

一、甲苯有泄漏　硝化装置爆炸

（一）案例：TDI 生产企业硝化装置爆炸事故

2007 年 5 月 11 日 13 时 28 分，河北省沧州市某 TDI 有限责任公司甲苯二异氰酸酯（TDI）车间硝化装置发生爆炸。事故造成 5 人死亡，14 人重伤，66 人轻伤，厂区内供电系统被严重损坏，附近村庄几千名群众疏散转移。

1．事故经过和危害

2007 年 5 月 10 日 16 时许，该厂由于蒸汽系统压力不足，氢化和光气化装置相继停止运行（停车）。20 时许，硝化装置由于二硝基甲苯储罐液位过高而停止运行，由于甲苯供料管线手阀没有关闭，调节阀内漏，导致甲苯漏入硝化系统。22 时许，氢化和光气化装置正常后，硝化装置准备启动时发现硝化反应深度不够，生成黑色的络合物，遂采取酸置换操作。该处置过程持续到 5 月 11 日 10 时 54 分，历时约 12 小时。此间，装置出现明显的异常现象：一是一硝基甲苯输送泵多次跳车；二是一硝基甲苯储槽温度高（有关人员误认为仪表不准）。期间，由于二硝基甲苯储罐液位降低，导致氢化装置两次降负荷。

5 月 11 日 10 时 54 分，硝化装置开始运行（开车），负荷逐渐提到 42%。13 时 02 分，厂区消防队接到报警：一硝基甲苯输送泵出口管线着火，13 时 07 分，厂内消防车到达现场，与现场人员一起将火迅速扑灭。13 时 08 分，系统停止投料，现场开始准备排料。13 时 27 分，一硝化系统中的静态分离器、一硝基甲苯储槽和废酸罐发生爆炸，并引发甲苯储罐起火爆炸。

2．事故原因分析

这次爆炸事故的直接原因是一硝化系统在处理系统异常时，酸置换操作使系统硝酸过量，甲苯投料后，导致一硝化系统发生过硝化反应，生成本应在二硝化系统生成的二硝基甲苯和不应产生的三硝基甲苯（TNT）。因一硝化静态分离器内无降温功能，过硝化反应释放出大量的热无法移出，静态分离器温度升高后，失去正常的分离作用，有机相和无机相发生混料。混料流入一硝基甲苯储槽和废酸储罐，并在此继续反应，致使一硝化静态分离器和一硝基甲苯储槽温度快速升高，硝化物在高温下发生爆炸。

3．事故预防

（1）生产中出现的问题要及时排查，不能盲目判断。

（2）需要控制生产温度的化工生产要备有加热和冷却设备。

（3）严格按照设计好的生产工艺参数进行。

（4）操作工要定期培训。

（二）硝化过程中的防火防爆安全措施

1．严格控制硝化反应温度

（1）控制好加料速度和加料配比，硝化剂的加料应采用双重阀门加料，向硝化器中加入固体物质，必须采用漏斗或翻斗车，严禁将大块物料加入。

（2）反应中应连续搅拌，以保持物料混合良好，温度均匀。搅拌机应配备自动连接的备用电源，防止由于突然断电造成机械搅拌停止。

（3）硝化锅应有足够的冷却面积，并保证连续供给冷却水，以确保及时导出反应热、稀释热等。为此，要配置环状供水管网和两个水入口，并设置高位水槽，其容量可维持 0.5 小时冷却水供应。

（4）当硝化过程中发现红棕色二氧化氮气体时，应立即停止加料，以控制可能发生的危险。

2．防止油与硝化物料接触

（1）搅拌器采用硫酸作润滑剂，温度计套用硫酸作导热剂，禁止使用普通机油或甘油。

（2）硝化器盖上不得放置油浸填料。

（3）硝化锅搅拌器的轴上，应备有小槽，防止齿轮上的油掉入硝化器中。

3．防止冷却水漏进硝化锅

硝化锅夹套中的冷却水压力呈微负压，在水的入口管上安装压力表，在进水管、排水管上分别安装温度计，通过监测进、排口水温的变化，判断夹套焊缝是否因腐蚀而泄漏，以避免硝化物遇水后温度急剧上升。为了便于检查，在排水管上，可安装电导自动报警器，当管中漏入极少量酸时，水的电导率会立即发生变化，此时报警器发出报警。

4. 设立安全装置

（1）硝化锅应安装自动温度调节器，设置反应温度、加料量及其他的自动控制联锁装置，当出现反应温度升高到规定值及搅拌停止等情况时，自动联锁装置将启动，避免事故发生。

（2）应安装可移动的排气罩，以便硝化锅的加料口关闭时，排出设备中的气体。

（3）硝化锅应附设相当容积的紧急放料槽，以防在发生事故时，可采取紧急放料措施，放料阀可采用自动控制的气动阀或手动阀。

5. 防止硝化过程中的氧化反应

有机物质遇硝化剂会发生剧烈氧化反应。因此，硝化原料在使用前应进行检验，并仔细地配制反应混合物，并彻底除去其中的易氧化组成成分。

6. 消除生产过程及后处理过程的不安全因素

（1）硝化设备应确保严密不漏，防止硝化物料溅落到蒸汽管道等高温设施的表面上而引起燃烧或爆炸。

（2）如发生管道堵塞，可利用蒸汽加温疏通，严禁用金属物件敲打或明火加热。

（3）进行硝化过程时，卸出物料，应采用真空卸料法。

（4）硝基化合物具有很强烈的爆炸性，在蒸馏硝基化合物时，必须特别小心。由于蒸馏是在真空状态下进行，而硝基化合物蒸馏余下的热残渣与空气中氧作用能发生爆炸，所以必须采取有效的防爆措施来处理这些残渣。

（5）因压缩空气中含有水分或油类，所以制备混酸搅拌时，不宜采用压缩空气搅拌。

（6）分析取样应在下层硝化混合物进行，以免未完全硝化的产物突然起火。

（7）硝基化合物应在规定的温度和安全条件下单独存放，不得超量储存。

（8）在生产厂房中，不准存放起爆物品以及与生产无关的用具。

7. 车间内禁止火种

（1）生产厂房严禁带入一切火种，进入生产厂房的人员不得穿硬底鞋或带铁钉的鞋，使用的工具应是铜制的，使用时应轻拿轻放。

（2）禁止携带移动电话、照相、录像设备进入生产厂房。

（3）照明灯具和电气设备应防爆。

（4）当检修需要动火时，应拆卸设备和管道，并移到车间外安全地点，用水和蒸汽反复冲洗残留物，经分析确认合格后，方可动火作业。

（5）需要报废的管道，应专门处理堆放，不可随便拿用，以免发生爆炸事故。

8. 硝化装置设置防爆构筑物

生产硝化产品的硝化锅和其他相关设备应设置在防爆构筑物内，与行政、生活和其他生产性建筑要保持一定的安全距离，以防止可能发生的硝化物爆炸事故，扩大波及范围，与硝化过程无关的设备不得与硝化过程设备安置于同一个构筑物内。

9. 严格工艺纪律，强化安全技术规程执行

对于硝化过程的工艺规程和安全技术规程，必须经过专门部门审定后执行，如果更改工艺参数或改变工艺，必须经过原审定部门的批准方可更改，从业人员必须熟知工艺规程和安全技术规程并认真贯彻执行。同时，推进技术进步，采用先进科学的硝化工艺，提高硝化过程的安全性。

二、树脂粉末泄漏　引发连续爆炸

（一）案例：ABS 树脂厂火灾爆炸事故

1989 年 10 月 4 日，韩国幸福公司在丽川的 ABS 树脂工厂发生火灾和爆炸事故，造成 14 人死亡，20 多人受伤，直接经济损失约 30 亿韩元。

1．事故经过和危害

该厂有 1300 多人，各类树脂生产总能力为 60 万吨 / 年，其中 PVC30 万吨 / 年，PS5.5 万吨 / 年，ABS13.5 万吨 / 年，SAN（苯乙烯 - 丙烯腈共聚物）5 万吨 / 年。车间设有 19 台 ABS 挤出机，发生事故的 16 号挤出机于当天上午 9 时清扫完后便开始运转，由于产品呈黑色，调动了三次调色阀。在二层的 ABS 操作室，在事故前 3 个月开始进行粉末树脂计量和混合的自动化操作改造工程。经调查，着火地点位于挤出机机罩和电加热器之间。

事故发生前数小时，从 16 号挤出机上部覆盖的帆布处漏出大量粉末树脂。同时，大量粉末树脂进入 16 号挤出机罩和电加热器之间。这一部分曾用帆布遮盖，并已进行外部清理，但没有清扫进入机罩内部的粉末树脂。粉末与电加热器接触，经数小时后，由于电加热器温度调节装置失灵，表面温度不断上升（到 450℃左右），树脂分解，产生可燃气体。16 号挤出机上段的帆布由于燃烧而破损，以致在帆布上漏斗中的粉末树脂不断往下漏，由于高温使树脂连续分解产生可燃性气体向一楼和二楼扩散，结果发生连续爆炸。

2．事故原因分析

（1）帆布的材质选择不当，不应采用在高温下易燃的纤维材料。

（2）电加热器表面未作绝缘处理。由于电加热器在大多数场合易产生过热，因此需在其表面覆盖石棉等绝热材料。并要防止粉末树脂直接与电加热器接触。

（3）对操作人员的安全教育不够，预防措施及监督不力。当树脂粉末向外泄漏时，操作工没有遵守“立即向监督人员报告”的规章，安全管理及教育不够。

3．事故预防

为防止同类事故的发生，应采取以下措施：

（1）ABS 树脂加工车间的所有设备必须采用非易燃材料。

（2）为了 ABS 树脂加工设备不向外泄漏粉末，必须永久性密封各设备联结部位。

（3）挤出机的电加热器必须用绝热材料完全包裹，避免粉末树脂和电加热器直接接触。

（4）挤出机的温度检测必须安装达到标准温度以上的报警装置。

（5）在室内操作的车间，应根据操作人员和位置，设置紧急避难的阶梯和紧急指示灯。

（6）对与本事故类似的塑料挤出加工厂应立即进行安全教育。

（二）ABS 树脂安全生产要点

1．丁二烯贮罐区

（1）贮罐压力不超过 0.5 兆帕，贮罐液位不能超过 80%。检查中发现异常时，要立即通知有关职员查找原因及时处理。

（2）贮罐区内不准排放物料，严禁生产中任意就地排水、排液和排放分析采样。

（3）贮罐区的氧含量最高不能超过 2%，否则应立即排放至火把置换，以减少丁二烯端基聚合物和过氧化物的自然条件。

（4）贮罐及其连接管道上的静电接地设施、防冻保温设施、防爆照明和消防灭火设施等必须保持完好，检查中发现缺陷或损坏要督促尽快修整，严禁在罐区内任意动用火种、敲打铁器。

2．聚合系统

（1）聚合釜投料应按程序进行。反应温度和操纵压力应在规定范围内。

（2）留意检查聚合釜的搅拌装置电动机及其传动机构有无异声，发热轴封有无泄漏。

（3）回收丁二烯系统氧含量自动分析及自动充氮装置应工作正常，当发现氧含量超标时，能自动充氮。

3．ABS 树脂干燥系统

（1）设备及输送管道的静电接地设施应完整可靠。

（2）干燥器等设备的密封应可靠，无漏风、漏料现象。

（3）排空管道内应无粉尘积累，操纵职员应及时清理，防止粉尘着火或爆炸。

4．其他部位

（1）应对下列安全防护系统定期检验、维护和保养：火灾自动报警系统（温敏、烟敏）、手动火灾报警系统、可燃及有毒气体自动监测系统、自动泡沫灭火系统，水喷雾远控隔离灭火控制系统、ABS 树脂粉尘防爆灭火控制系统、防爆通信系统、事故柜及其抢救急救器材。

（2）聚合及凝聚工序所使用的引发剂、络合剂、抗氧剂、防老剂、凝聚剂等助剂达 40 余种，其中过氧化氢异丙苯、偶氮二异丁腈、叔十二碳硫醇等化学危险品的安全储存和使用，应特别加以重视。偶氮二异丁腈在高温下或与氧化剂接触极易分解放出有机氰化物，因此要求偶氮二异丁腈的冷库温度不超过 10℃，保存期也不要超过 3 个月，不容许与本装置所使用的其他助剂，如过氧化氢异丙苯、过硫酸钾、亚硝酸钠等混储。例如，过氧化氢异丙苯在 80℃时就可分解，达 135℃时激烈分解形成爆炸，也不能与叔十二碳硫醇混放。定期对助剂的安全使用治理进行检查是重要的预防措施。

（3）ABS 树脂挤压机的工频加热器是较大功率的电加热装置，要经常对其负荷、绝缘、线圈温度等进行检查，发现异常应及时通知有关职员停车，由电气专业职员检查处理，以防触电或烧毁设备。

（4）检查各岗位正确使用通、排风和空调设备。维持控制空、化验室、挤压机厂房的微正压状态。防止生产系统可燃气体泄漏扩散进而使得上述区域形成空间爆炸危险。

（5）按丁二烯系统过氧化物定期清理的规定，对精丁二烯和回收丁二烯贮罐的按时清理工作进行检查。发现有未按规定清理的情况时，应指令其停车清理。清理过程中留意记录丁二烯过氧化物积累情况，若发现天生量过多时，要提出缩短下一周期清理间隔的意见，同时要查找天生量过多的原因，以采取改善措施。

（6）聚合生产系统中的设备管道中常有聚合物附着器壁，可燃、有毒物料溶解分散在这些聚合物中，检验中会出现已置换合格的设备重新发生可燃物和有毒物超标现象。因此，对此类系统检验前的化学蒸煮与清洗要严格检查，检验过程中还应多次进行化验、分析、复查。

（7）清理容器内的丁二烯过氧化物须以化学药物破坏法进行，只有经过化学处理后仅有少量残渣时，方可答应在特殊安全措施落实后，进行人工清理。不可用铁器在容器内铲除丁二烯过氧化物残渣，防止爆炸着火。凡可拆卸的管道、部件均应运出生产装置处理，不能在装置中进行焚烧。此项危险作业要有严格的检查、监护。

三、车间通风差　碰撞引大火

（一）案例：橡胶厂因油气超标通风差着火

1987 年 7 月 23 日上午 9 时，河北省某橡胶厂刮浆车间发生大火，造成 1 人死亡，1 人重伤。

1．事故经过和危害

1987 年 7 月 23 日上午 8 时上班后，刮浆车间 5 名工人领取 300 米帆布，80 升汽油，把汽油一次倒入胶浆桶内后，又领了 80 千克汽油（共 4 桶），工人陈某提 1 桶放在刮浆机右侧 1 尺左右（0.33 米）的地方，其余 3 桶放在院子里的排子车上，这时开机工作。当刮浆布卷到 20 米左右时，发现刮浆帆布走偏打折。为解决帆布打折问题，陈某准备用铁管架起帆布，在动用铁管的过程中，铁管与机架碰撞，产生火花，由于室内空气中汽油含量严重超标，随即引起燃烧。

2．事故原因分析

这起事故是因忽视汽油的危险性而引起的，其中，使用非防爆工具碰撞机架产生火花是造成事故的直接原因。

（1）该胶浆房使用汽油挥发量较大，但没有相应的措施，且未使用防爆工具和防静电服，安全隐患十分明显。

（2）厂房通风不良，导致汽油蒸气在室内超标，且没有引起注意。

（3）对汽油危害认识不足，胶浆制造设备附近没有安装监测报警装置。

3．事故预防

汽油是制作胶浆不可缺少的溶剂，橡胶加工企业目前还都离不开它。因此，要安全进行胶浆生产，必须采取防火、防爆、防毒措施，从生产装置到厂房建设都应采取安全对策，严格管理，让事故没有可乘之机。

（1）改进生产装置，尽量减少汽油蒸气在厂房内的蒸发量。改进胶浆生产方法，减少汽油向室内挥发，同时增加汽油回收装置，避免挥发浪费。

（2）厂房加强通风，使生产中挥发出的少量汽油蒸气及时排到室外，不在室内积聚，确保车间空气中溶剂汽油最高允许浓度不超过 300 毫克 / 立方米（GB11719-89 要求）。

（3）生产胶浆的设备和管道必须要设置消除静电装置，在胶浆房工作要使用防爆工具，且工作人员必须穿着防静电服，防止静电引起爆炸。

（4）在胶浆房内设置汽油蒸气在线监测仪表，以便在空气中油气超标前报警，提前检查原因，采取措施控制汽油蒸气浓度，防止发生安全事故。

（二）橡胶加工配炼车间防尘规程

1. 配炼车间

（1）车间空气中混合粉尘浓度不得超过 10 毫克 / 立方米。

（2）车间内应有通风设施。

（3）车间内必须存放袋装、箱装、桶装的粉料时，应存放在规定的地方。

（4）车间内的墙面及地面应采用便于清理的材料。严禁用压缩空气吹、扫粉尘。

（5）车间应设休息室、存衣室、更衣室、淋浴室。

◎ 休息室应保持整洁、空气新鲜。饮食及用具应放在休息室内。

◎ 存衣室、休息室、厕所等应在适当的位置设非手动开关洗涤池。

2. 防尘措施

（1）炭黑从仓库到炼胶投料，宜采用密闭输送（如气力输送、集装箱输送等）、自动称量、自动投料装置。

（2）纸袋包装炭黑，宜采用密闭解包装置。在解包投料处必须设除尘系统。废纸袋应有处理措施。

（3）粉料加工和配料应在单独的房间进行，操作地点必须设除尘系统。小药配料宜采用自动称量。

（4）密炼机、混炼用的开炼机必须设除尘系统。

（5）密炼机采用人工投料时，炭黑等粉料宜采用聚乙烯包装，连袋投入机内。

（6）压片机必须根据国家粉尘排放标准，设置除尘系统或排尘系统。

（7）应根据国家粉尘排放标准，选择除尘器和确定排风口高度。

（8）进风口宜设在常年主导风向的上风侧，进风口与排风口的水平距离应大于 10 米，排风口高于进风口 6 米以上。

3．个人卫生与防护

（1）人工配料，投料和检修除尘系统及排尘系统时，操作者必须穿戴好防微粒口罩、手套、防尘工作服等个人防护用品。

（2）应正确使用个人防护用品并经常清洗、保持整洁。

（3）严禁在生产场所饮食，饮食前应洗手、漱口。

4．管理

（1）接触粉尘作业的职工，调入岗位前必须进行健康检查，平时应定期检查并建立健康档案，对有不适应者应安排适当的工作。

（2）应定期组织职工学习本岗位防尘知识及有关规定，并检查执行情况。

（3）空气中粉尘浓度应采用滤膜法测定。主要岗位每月至少检测一次，检测结果应整理归档，并定期向有关部门报告。

（4）每季度应检测一次除尘器效果，达不到设计规定时必须及时检修。

（5）有橡胶加工配炼车间的企、事业单位应根据本规程，并结合具体情况，制定实施细则。

四、违反“三同时” 扩建线爆炸

（一）案例：助剂厂超压爆炸事故

1988年10月22日，南京助剂厂防老剂DBH车间酒精蒸馏锅因超压发生爆炸，造成4人死亡，3人重伤，直接经济损失11.2万元，间接经济损失18.8万元。

1. 事故经过和危害

防老剂DBH生产由车间40名工人分4班两倒。10月22日夜班（19时至次日7时），当班的10名工人，于18时45分分别在各自的岗位与前一班的工人交接班。酒精蒸馏工做完准备工作后（上一班工人已将釜内料渣出清，并已将釜冷却）开始抽料，当班班长去各岗位巡回检查。20时15分酒精蒸馏釜突然发生爆炸并燃起大火。

2. 事故原因分析

（1）直接原因

酒精蒸馏釜出料阀没有开启是造成这起事故的直接原因。由于出料阀未打开，当开通蒸汽热后酒精蒸发，使蒸馏釜从常压状态变为受压状态，当釜内酒精蒸气压力超过釜盖螺栓的密封力时，将釜盖冲开，大量酒精蒸气冲出后与空气迅速混合，形成爆炸混合物，遇火源瞬间发生化学爆炸。

（2）间接原因

①防老剂DBH扩建，未严格按“三同时”要求进行设计审查。防老剂DBH生产属甲类生产，但设计未报有关部门审查批准，设计不规范，没有正规图纸，部分电气设备不符合防爆要求，如离心机、排气扇等不是防爆型电机。

②制度不严，管理不善。无章可循、有章不循现象普遍存在，生产管理混乱。

3. 事故预防

（1）配合专业设计和安装单位设计厂房和生产装置，调整工艺布局。同时，要配合单位技术人员对生产工艺进行改造，以保证安全和满足工艺要求。

（2）严格按照防老剂 DBH 工艺规程和安全操作规程进行操作，熟知岗位职责，明确危险品和危险源，熟知出现事故时采取的应急预案。

（3）积极接受单位组织的安全培训和技术指导，配合有关部门对各岗位人员和生产设备进行合格审查，以消除可能存在的安全隐患。

（二）建设项目“三同时”

1．建设项目“三同时”的主要法律依据

《劳动法》第六章第五十三条明确要求：“劳动安全卫生设施必须符合国家规定的标准。新建、改建、扩建工程的劳动安全卫生设施必须与主体工程同时设计、同时施工、同时投入生产和使用。”

《安全生产法》第二十四条规定：“生产经营单位新建、改建、扩建工程项目（以下统称建设项目）的安全设施，必须与主体工程同时设计、同时施工、同时投入生产和使用。安全设施投资应当纳入建设项目概算。”

《职业病防治法》第十八条规定：“建设项目的职业病防护设施所需费用应当纳入建设项目工程预算，并与主体工程同时设计、同时施工、同时投入生产和使用。”

2．建设项目“三同时”的含义

建设项目“三同时”是指生产性基本建设项目中的劳动安全卫生设施必须符合国家规定的标准，必须与主体工程同时设计、同时施工、同时投入生产和使用，以确保建设项目竣工投产后，符合国家规定的劳动安全卫生标准，保障劳动者在生产过程中的安全与健康。

建设项目“三同时”的要求是针对我国境内的新建、改建、扩建的基本建设项目、技术改造项目和引进的建设项目，包括在我国境内建设的中外合资、中外合作和外商独资的建设项目。

3．建设项目“三同时”的主要内容

建设项目“三同时”制度的实施，要求从项目的论证到设计、施工、竣工验收都应按“三同时”的规定进行审查验收，具体包括以下内容：

（1）可行性研究

在建设项目可行性研究阶段，实施建设项目劳动安全卫生预评价。对符合下列情况之一的，由建设单位自主选择并委托本建设项目设计单位以外的、有劳动安全卫生预评价资格的单位进行劳动安全卫生预评价。

◎ 大中型或限额以上的建设项目。

◎ 火灾危险性生产类别为甲类的建设项目。

◎ 爆炸危险场所等级为特别危险场所和高度危险场所的建设项目。

◎ 大量生产或使用Ⅰ级、Ⅱ级危害程度的职业性接触毒物的建设项目。

◎ 大量生产或使用石棉粉料或含有10%以上游离二氧化硅粉料的建设项目。

◎ 安全生产监督管理机构确认的其他危险、危害因素大的建设项目。

（2）初步设计

初步设计是说明建设项目的技术经济指标、总图运输、工艺、建筑、采暖通风、给排水、供电、仪表、设备、环境保护、劳动安全卫生、投资概算等设计意图的技术文件（含图纸），我国对初步设计的深度有详细的规定。

设计单位在编制初步设计文件时，应严格遵守我国有关劳动安全卫生的法规、标准，同时编制《劳动安全卫生专篇》，并应依据劳动安全卫生预评价报告及安全生产监督管理机构的批复，完善初步设计。

《劳动安全卫生专篇》的主要内容包括：设计依据；工程概述；建筑及场地布置；生产过程中职业危险、危害因素的分析；劳动安全卫生设计中采用的主要防范措施；劳动安全卫生机构设置及人员配备情况；专用投资概算；建设项目劳动安全卫生预评价的主要结论；预期效果及存在的问题与建议。

（3）施工

建设单位对承担施工任务的单位提出落实“三同时”规定的具体要求，并负责提供必需的资料和条件。

施工单位应对建设项目的劳动安全卫生设施的工程质量负责。施工中应严格按照施工图纸和设计要求施工，确实做到劳动安全卫生设施与主体工程同时施工、同时投入生产和使用，并确保工程质量。

（4）试生产

建设单位在试生产设备调试阶段，应同时对劳动安全卫生设施进行调试和考核，对其效果作出评价；组织、进行劳动安全卫生培训教育，制定完整的劳动安全卫生方面的规章制度及事故预防和应急处理预案。

建设单位在试生产运行正常后，建设项目预验收前，应自主选择、委托安全生产监督管理机构认可的单位进行劳动条件检测、危害程度分级和有关设备的安全卫生检测、检验，并将试运行中劳动安全卫生设备运行情况、措施的效果、检测检验数据、存在的问题以及采取的措施写入劳动安全卫生验收专题报告，报送安全生产监督管理机构审批。

建设项目劳动安全卫生验收专题报告的主要内容包括：

◎ 初步设计中劳动安全卫生设施，已按设计要求与主体工程同时建成、投入使用的情况。

◎ 建设项目中特种设备已经由具有法定资格的单位检验合格，取得安全使用证（或检验合格证书）的情况。

◎ 工作环境、劳动条件经测试符合国家有关规定的情况。

◎ 建设项目中劳动安全卫生设施，经现场检查符合国家有关劳动安全卫生规定和标准情况。

◎ 安全卫生管理机构设立情况，必要的检测仪器、设备配备情况，劳动安全卫生规章制度和安全操作规程建立情况，劳动安全卫生培训教育情况，特种作业人员经培训、考核情况，取得安全操作证的情况，事故预防和应急处理预案制订情况。

（5）竣工验收

建设单位在试生产阶段进行安全卫生检测检验，编制完成建设项目劳动安全卫生验收专题报告后，报送安全生产监督管理机构审批。

（6）投产使用

建设项目正式投产使用后，建设单位必须同时将劳动安全卫生设施进行投产使用。不得擅自将卫生设施闲置不用或拆除，并需进行日常维护和保养，确保其效果。

第四章

塑料生产违章行为典型案例及规范操作办法

- 分离器故障　聚乙烯爆炸
- 氯乙烯泄漏　火源引爆炸
- 工艺设计不当　工人当场死亡

一、分离器故障　聚乙烯爆炸

（一）案例：高压聚乙烯装置爆炸事故

1993 年 10 月 22 日，北京市某公司化工一厂高压聚乙烯装置切粒机厂房发生爆炸。事故造成 3 人死亡，2 人重伤，2 人轻伤。

1. 事故经过和危害

1993 年 10 月 21 日上午 10 时，高压聚乙烯车间第一条生产线因高压分离器内发生故障，分离器内的高聚物被乙烯气体夹带到高压循环乙烯气炉中，造成堵塞，被迫停车处理。当时车间采取热乙烯的气体循环，工人想把它扫带出来，处理了一夜却没有见效。22 日早上，车间主任、副主任、工段长安排继续处理。五班班长将二次分离器两组管线末端的角阀拆下，用 10 兆帕的系统乙烯去顶，没有顶通。然后就开动一次压缩机，用出口压力 25 ～ 35 兆帕的乙烯去顶，这样将其中的一组顶通了。这时已经有大量的乙烯气体从管道中泄出。

乙烯气体泄出后，可燃气体报警仪表报警，但没有发生爆炸，气体扩散到切粒机厂房。他们装上顶通一组的角阀，又用同样的办法去顶另一组管线。10 时 20 分，当操作工再一次把压缩机增压到 23 兆帕的时候，堵塞物被顶出，随即大量的乙烯气体泄出。10 时 35 分，引发剧烈爆炸，切料厂房受到严重破坏，造成 3 人死亡，2 人重伤，2 人轻伤。事故造成直接经济损失 49.7 万元，高压聚乙烯装置严重破坏，全线停车。

2. 事故原因分析

（1）用 25 兆帕的高压乙烯处理堵塞问题，是严重违反科学的冒险蛮干。高聚物堵塞，用热乙烯顶通无效的时候，本来应停车拆下来处理，但对采用高压乙烯硬顶的办法，事先没有认真的研究，对可能产生的后果也没有进行周密的考虑。据事后测算，用 25 兆帕的高压乙烯顶通后，从系统内一次排放出的乙烯量就有 400 千克以上，扩散到空气中，达到 330 立方米。当 2 次排放后，切粒机厂房内的浓度达 10% 以上，而乙烯的爆炸极限在 2.07% ～ 30%。高压乙烯顶通后，乙烯气体及聚合物从直径 19.7 毫米的孔中高速喷出，产生静火花引起爆燃。然而，高压聚乙烯车间的领导却抱有侥幸心理，以为只要现场操作人员撤离，不让机动车开进来，等待气体自行扩散，就不会发生事故。这反映出车间领导思想麻痹大意，操作冒险蛮干，是事故发生的直接原因。

（2）安全意识淡薄，隐患长期得不到处理。分离器液位控制是高压聚乙烯装置极其重要的控制仪表，使用时间长达 7 年。近两年来已发现有些问题，但厂、车间领导犹豫不决，没有更换，致使这次高聚物堵塞，为事故发生埋下了隐患。这反映了公司和化工厂的领导没有真正树立“安全第一”的思想，对隐患的整改不重视。在处理安全与效益、安全与生产的关系上没有坚持安全生产的方针，在生产紧、任务重的情况下只强调任务和产量，忽视安全。

（3）按照责任制规定，每一个生产、操作步骤事先都必须要有书面的方案，要有主管领导和技术人员批准、签字。而这次管线处理，既没有书面方案，又没有操作方案。

（4）高压聚乙烯车间使用的操作规程，是 1983 年修订的，10 年了都还没有修改，严重违反了“工艺卡片一年一修订，工艺操作规程 3 ～ 5 年一修订”的规定。

3．事故预防

（1）当出现生产问题时，有必要及时停车处理。

（2）极其重要的控制仪表要按时检查更换。

（3）每一个生产、操作步骤事先都必须要有书面的方案，要有主管领导和技术人员批准、签字。

（4）按要求定时修订工艺操作规程。

（二）乙烯生产安全注意事项

1．注意事项

（1）操作注意事项：密闭操作，全面通风。操作人员必须经过专门培训，严格遵守操作规程。操作人员穿防静电工作服。远离火种、热源，工作场所严禁吸烟。使用防爆型的通风系统和设备。防止气体泄漏到工作场所空气中。避免与氧化剂、卤素接触。在传送过程中，钢瓶和容器必须接地和跨接，防止产生静电。搬运时轻装轻卸，防止钢瓶及附件破损。配备相应品种和数量的消防器材及泄漏应急处理设备。

（2）储存注意事项：储存于阴凉、通风的库房。远离火种、热源。库温不宜超过 30℃。应与氧化剂、卤素分开存放，切忌混储。采用防爆型照明、通风设施。禁止使用易产生火花的机械设备和工具。储区应备有泄漏应急处理设备。

2．应急处理

迅速撤离泄漏污染区人员至上风处，并进行隔离，严格限制出入。切断火源。应急处理人员戴自给正压式呼吸器，穿防静电工作服。尽可能切断泄漏源。合理通风，加速扩散。喷雾状水稀释。如有可能，将漏出气用排风机送至空旷地方或装设适当喷头烧掉。漏气容器要妥善处理，修复、检验后再用。

3．消防措施

切断气源。若不能切断气源，则不允许熄灭泄漏处的火焰。喷水冷却容器，可能的话将容器从火场移至空旷处。可采用泡沫、二氧化碳、干粉等灭火器。

4．急救措施

（1）皮肤接触：发生冻伤不要涂擦，不要使用热水。使用清洁、干燥的敷料包扎，就医治疗。

（2）眼睛接触：立即提起眼睑，用大量流动清水或生理盐水彻底冲洗至少 30 分钟。就医。

（3）吸入：迅速脱离现场至空气新鲜处。保持呼吸道通畅。如呼吸困难，给输氧。如呼吸停止，立即进行人工呼吸。就医。

（4）食入：饮足量温水，催吐。就医。

二、氯乙烯泄漏　火源引爆炸

（一）案例：氯乙烯泄漏爆炸事故

1998 年 8 月 5 日上午 6 时 20 分，安徽省芜湖某化学有限公司聚氯乙烯厂，因氯乙烯单体泄漏发生爆炸事故，造成 5 人死亡，4 人重伤，3 人轻伤，直接经济损失 84.58 万元。

1．事故经过和危害

发生事故的聚氯乙烯厂是改制后芜湖某化学有限公司所属规模较大的工厂之一，下设聚合（含干燥）、维修、制氮、冷却 4 个工段。原生产工艺是自制乙炔和氯化氢，由这两种气体反应生成氯乙烯单体，再将该单体通过计量槽定量泵入聚合釜合成聚氯乙烯，通过干燥包装进入成品库。由于自制氯乙烯单体成本较高，后改为直接外购。

1998 年 8 月 4 日上午 10 时左右，聚氯乙烯厂领导通知维修工对 2 台用于进料的氯乙烯单体泵的密封组件拆回班里维修。从下午 1 时开始维修，西边的 1 号单体泵先修好后去现场安装完毕，东边的 2 号泵维修好后去现场安装时已是下午 5 时，聚合工段白班下班，造成该泵进料口短接法兰没有连接。聚合工段中班下午 5 时接班后，只使用西边 1 号单体泵进料，并在交班记录中交代夜班："请用西边泵进料"。夜班接班后，至 8 月 5 日 6 时左右，班长令操作工开泵进料，但交代不清，致使操作工错误操作打开了东边 2 号泵球阀，使约 4500 千克的氯乙烯单体从没有连接好的短接法兰处泄漏。6 时 20 分，气体扩散至该工段附近 100～200 米范围内，遇点火源后发生爆炸燃烧，造成 4 名当班操作工和 8 名前来救护的人员中的 5 人死亡，4 人重伤，3 人轻伤。爆炸造成附近厂房倒塌损毁面积约 1200 平方米，一批设备遭到损坏。

2．事故原因分析

（1）交接班时，对于不能使用的东边 2 号单体泵交代不清；当班工人错误操作打开东边 2 号单体泵进料球阀，造成单体泄漏；发现单体泄漏后没有采取紧急有效的处理措施，致使泄漏量越来越大。

（2）聚氯乙烯在安排维修人员检修2台单体泵时，没有安排有关人员加装中间阻隔盲板；没有设置设备检修安全标志；在东边2号单体泵短接法兰没有连接的情况下，下班后没有设置警示标志；附近存在点火源（非防爆电气火花或过热可能性最大）。

3. 事故预防

（1）交接班时，要责任明确，交代清楚。

（2）事故初期要及时采取有效措施。

（3）积极参加单位组织的安全培训，增强自身安全意识及防范风险的能力。

（4）明确并严格落实自身岗位职责，在操作工程中恪守安全生产规章制度和设备操作规程。

（5）熟知应急预案，自觉参加单位组织的应急演练。

（二）氯乙烯生产安全要点

1. 直接氯化单元

（1）要经常检查乙烯与氧气投料克分子比和尾气中的氧含重，使之控制在10%，防止氧含量超过12.5%而进入爆炸范围。

（2）应定期对尾气氧含量联锁系统进行校验、维护维修，使之保持完好的工作状态。当氧气表出现问题时，必须及时维修。在此期间，尽量控制较高的克分子比，并通过色谱分析氧含量，以指导生产。

（3）要经常对尾气放空部位进行检查，在放空部位要放好消防灭火设施，一旦因明火使放空尾气燃烧时，千万不能停车（因停车后系统压力降低，会将火吸入系统中），而应打开氮气程控阀，用氮气稀释尾气，并用灭火器将火熄灭。

2. 氧氯化单元

（1）应经常检查乙烯、氯气和氯化氢的进料克分子比，保持进料中的氧含量在10%之内。

（2）要定期对进料中氧含量联锁仪表进行校正，确保其正确好用，并定期以精密仪器分析进行验证。

（3）必须保证氮气的正常供应，特别是因空分停车而造成停车时，尤其要注意，以保证该单元安全停车。

3．裂解单元

（1）要对裂解炉进行科学管理，其中包括开、停车的升降温速度要按规定进行；每年大检修对炉管进行全面检查、测厚；保证所进物料全面合格等。

（2）要严格检查所进物料的含水不大于 0.01‰，否则应停止进料。

（3）经常检查碳四液化气罐和燃料系统，防止燃料系统泄漏。坚持每天的正常排水，并坚持 2 人操作，其中 1 人监护。

4．氯乙烯精馏、罐区及其他

（1）在氯乙烯精馏单元，要注意对各控制点操作条件的检查，发现问题要及时调整，防止经常性超压放空；本系统的设备腐蚀情况也要进行定期检查和检测。

（2）对罐区内的各密封点，必须坚持经常性的巡回检查，遇到问题及时处理。

（3）对本装置的消防及防护设备应定期检查，接触有毒、有害物质的作业必须严格做好个人防护。

三、工艺设计不当　工人当场死亡

（一）案例：聚合物工厂爆炸事故

2001 年 3 月 13 日，美国乔治亚州奥古斯塔 BP- 阿莫科聚合物工厂（以下简称奥古斯塔工厂）发生一起爆炸事故，并引发大火，造成 3 名工人当场死亡。

1．事故经过和危害

2001 年 3 月 13 日，奥古斯塔的 3 名工人在打开装有热熔塑料工艺储槽的端盖过程中不幸遇难，原因是他们不知道储槽内是有压力的，部分螺栓被拆掉的端盖突然迸发并喷出热熔塑料，导致工人的死亡。喷射出的能量造成邻近的管线断裂，管线内流出的热液体被引燃，酿成火灾。

2．事故原因分析

（1）根本原因

① BP- 阿莫科集团公司，作为 Amodel 的生产工艺开发者，没有通过全面审查工艺设计来发现化学反应的危险，无论是 BP- 阿莫科集团公司的研发部门，还是工艺设计部门，都没有明确的、系统化的程序来鉴别和控制源于副反应或缺少控制的反应危险。

② 奥古斯塔工厂没有实施为改正设计缺陷而进行的全面审查过程。

◎ 奥古斯塔工厂是第一家唯一进行 Amodel 商业生产的厂家，在运行过程中聚合物回收槽的许多设计缺陷问题明显地暴露出来，运行管理部门没有确保缺陷按时得到改正。

◎ 工人没能遵循已有的锁断 / 挂牌及设备拆开的公司制度，聚合物回收槽上被堵塞的排放管妨碍他们确认槽内压力的存在。

◎ 以前出现的满槽事故及塑料被夹带进入连接管内均表明回收槽过小，不能处理可见的生产异常。

◎ 聚合物回收槽的液位指示器不可靠。

③ 奥古斯塔工厂的事故和未遂调查系统没有充分地鉴别出原因或相关的危险，而若想改进导致事故重复发生的缺陷却需要这些信息。

◎ 没有研究出合理的技术理论来解释废塑料的自燃，以及为何大量的废塑料喷射出来。

◎ 有一定趋势的事故和未遂事故被当作单个独立的事件，管理部门没有一个审查系统可以用来发现这种趋势和特性。

◎ 聚合物回收槽被充满过。导致在一次事故中排放管被堵塞，之后却没有制定有效的应对措施以防止事故再次发生。

◎ 挤塑机内好几次着火，却没有制定出有效的应对措施。

（2）间接原因

① 对 Amodel 生产工艺的危险分析不足且不完整。

② 设计资料没有充分地描述 Amodel 的工艺。

③ 设备拆开程序没有指明当安全措施没有达到时应采取什么行动。在事发当天以及日常生产 Amodel 期间，按公司程序和职业安全健康署（OSHA）的锁断 / 挂牌的规定认为，聚合物回收槽内是不可能没有压力的。固化的聚合物堵塞排放管，让工人误认为槽内没有压力。工人在不确定是否有压力的情况下，还是继续进行打开槽盖的工作。

④ 没有经过变更管理的审查来评估操作程序的修改对安全的影响。在开车期间，流体直接经过聚合物回收槽需要 30 分钟，由于没有对可能的相反后果进行考虑，此时间后来被延长至 50 分钟，导致槽内聚合物的分解量增加。

3．事故预防

（1）执行相应的程序来实施周期性的事故和未遂事故的管理审查，找出事故发展趋势和特点，指出事故的根本原因，并执行改进措施。

（2）审查工艺安全信息，包括 Amodel 分解反应的信息，设备的设计意图、基础、能力和限制范围，偏离设计意图和操作极限的危险及后果。

（3）重新开始 Amodel 工艺的危险分析，指出可靠的工艺意图和后果的偏离，与开车和停车操作相关的危险，防止有潜在危害的聚合物聚集。

（4）修改锁断 / 挂牌程序，以确保设备在打开维修前是安全的，至少要确保设备的打开程序中包含一个停止工作规定，此规定应说明安全打开的条件，如设备是否卸压，不能确认时，需要有高层领导的审查和批准。

（5）确保变更管理政策应用到操作和程序的修改中。

（二）化工工艺安全管理应把握“四要素”

化工生产具有高温、高压、高电流、工艺流程复杂、操作要求严格等特点，存在燃烧、爆炸、中毒、腐蚀等危险因素，加上工艺技术、生产装置、安全设施等方面存在的缺陷，给工艺安全管理带来一定难度。如何保证生产装置“安、稳、长、满、优”地运行？化工工艺管理应把握以下“四要素”。

1．加强培训教育，提高操作水平

在培训对象上，不仅要加强对岗位操作人员的培训，而且要搞好管理人员、技术人员、生产调度员、维修人员的培训；在培训内容上，应结合岗位操作实际，加强操作规程和安全技术规程等专业知识的学习，注重对紧急事故应急处理能力的学习；在培训方法上，要采取集中学习和分组讨论相结合的办法，以现场问答、模拟演练、答题卡等灵活多样的教学方式搞好培训，做到学习工作化、工作学习化，以确保培训效果和质量。

2．组织编制岗位操作规程和安全技术规程

生产装置在投入使用前，应结合生产实际，组织技术人员和操作能手编制工艺规程、岗位操作法和安全技术规程。当引进新工艺或改变工艺条件时，要逐级审查批准，重新修订操作规程，及时印发到岗位，组织员工学习新工艺操作法，做到人人会讲、会背、会操作。严禁擅自违反工艺操作规程和工艺流程指标，更不许对设备进行试验性操作，否则将难以保证正常投产运行。

3．综合评价工艺指标的安全性

首先，要按照工艺指标对安全生产影响的大小进行分类，即安全工艺指标、一般工艺指标。凡涉及人身安全、可能导致重大事故发生的关键安全工艺指标，应列为重点监控对象，有针对性地重点管理，实现工艺指标的可控、在控。

其次，要对工艺指标控制范围进行区域划分，可分为正常操作控制区域、危险控制区域、事故区域。在实际操作中，一旦发现安全工艺指标波及危险区域，就要立即采取措施加以调整；否则，进入事故区域就可能酿成安全事故。

最后，要对重要安全工艺指标进行危险性分析评价，做到心中有数。要结合岗位操作实际，从指标失控概率高低、危险性大小等方面搞好综合分析，找出工艺安全管理的重点或薄弱环节，并制定相应的整改措施加以治理，确保装置安全运行。

4．严肃处理工艺操作事故

对工艺安全管理不善或操作失误造成事故，及时组织相关人员调查处理，分析事故原因，制定防范措施，防止事故蔓延。要积极召开事故安全专题会议，对事故危害性进行评价，写出调查报告，对事故造成的经济损失、影响范围、涉及人员、造成后果、采取措施等诸多方面进行综合分析，并组织人员讨论学习，吸取教训，防止类似事故的再发生。

第五章

制药生产违章行为典型案例及规范操作办法

- 配料釜泄漏　配料工中毒
- 设备检修有违章　更换垫片引爆炸
- 操作未戴口罩　员工相继中毒
- 高温油管破裂　引燃周边物料

一、配料釜泄漏　配料工中毒

（一）案例：药业公司发生中毒事故

2012年4月18日19时30分左右，安徽某药业有限公司发生一起有毒气体泄漏事故，导致3人中毒死亡，4人受伤。

1. 事故经过和危害

安徽某药业有限公司有每年500吨对氨基苯胂酸（阿散酸）生产线和尼卡巴嗪生产线。尼卡巴嗪在设计和建设阶段未落实安全设施“三同时”的要求，也没有取得安全生产许可证，属于违法生产。

2012年4月18日19时40分左右，公司二车间（尼卡巴嗪生产车间）当班工人在配制釜（500升）中先投入250千克甲苯，后投入150千克固体三光气，盖上投料盖后启动搅拌器并升温，随即出现不明有毒气体从搅拌器机封口中喷出，导致3人中毒死亡，4人受伤。

2. 事故原因分析

（1）事故的直接原因是当班操作工人开启配料釜夹套蒸汽阀给配料釜直接加热，致使固体三光气在高温下分解，并发生泄漏，造成事故的发生。

（2）事故的间接原因：

◎ 生产工艺不合理，对配料釜加热采用蒸汽直接加热而没有采用热水浴方式。

◎ 企业非法生产，未依法办理安全设施“三同时”，擅自对在建项目进行改造，留下安全隐患。

◎ 企业安全管理存在漏洞，安全教育培训不到位。

◎ 企业救援工作不力，事故发生后，企业没有及时采取吸氧等有效救援措施，从而导致伤者病情加重，并错失了最佳救援时机。

3. 事故预防

（1）学习并熟知单位的安全生产规章制度和安全操作规程，坚决杜绝违反劳动纪律，确保自身和企业安全。

（2）配合有关部门调整生产工艺，使生产操作过程更加安全可靠。

（3）严格按照“三同时”的要求开展生产操作。

（4）熟练掌握应急预案和紧急情况下应采取的应急措施。

（二）配料车间检修安全操作规程

（1）检修要有专人负责，检修人员必须穿戴好劳动保护用品，尤其注意戴上安全帽，听从负责人指挥，严禁酒后上岗。

（2）设备检修施工负责人为安全第一责任人，各检修队伍必须设专职的安全监督人员，负责对全程检修进行安全检查，专职安全人员有权对检修中出现的违章作业、违章指挥及安全隐患提出并指正。

（3）所有参加检修的人员必须认真学习检修安全技术操作规程及有关注意事项，严格按照检修安全操作规程执行。

（4）检修施工之前，施工负责人及有关技术人员必须对施工设备、工具进行认真检查，对施工所用手动、电动葫芦、钢丝绳、各种卡具、滑轮、地锚等工具进行安全试验后方可使用。

（5）需要动用焊割工具时，严格执行电焊机安全操作规程，必须由具有资质的专业人员进行工作，所用焊割工具必须安全可靠，所用氧气、乙炔气瓶不得混装混放，必须充装检验合格并保持 5 米以上安全距离，远离火源和易燃易爆物品。

（6）使用电器设备工具，必须检查是否安全可靠，对各种接线必须由专业电工进行。

（7）检修期间，施工负责人必须办理各种相关停送电手续，并在确保停电的情况下方可进行工作，不得带电进行作业，并在显著位置挂“有人检修，禁止合闸”等安全警示标志。

（8）严禁上下交叉同时作业，在 2 米及以上高空作业时，必须系安全带，严禁从高处向地面及地面向高处扔工具、杂物等，并注意天气变化，遇下雪及大风天气时，禁止登高作业。

（9）进行高空作业时，有高血压、心脏病、恐高症及其他生理疾病的人员严禁参加。

（10）检修人员不得打闹嬉戏。

（11）不得抛扔工具、配件、废料及其他杂物，不得进行损坏性拆卸。

（12）对检修所用配件、设备必须进行严格保护，严格交旧领新制度，每日检修完后，要清理好工作现场，做到“工完料尽场地清”。

（13）检修人员必须配备合格的通信工具，并保证畅通。

（14）设备在安装中须起重时，必须由专人负责操作，起重工具必须严格检查，确保安全可靠，特别是起重用的钢丝绳，断丝不得超过 10%，绝对不允许使用超过报废期限的钢丝绳。

（15）起吊设备时，一定要捆绑吊挂牢靠，起吊后严禁上下同时作业，重物下面严禁站人或行走。

（16）进设备内部进行检修时，检修人员必须两人以上，使用 24 伏、36 伏低压照明灯，保证照明充足。并与现场巡检工及中控操作随时保持联系，设备外要留有专人进行安全监护，并要求监护人员与内部作业人员保持联系。

（17）施工负责人在施工前，必须认真检查作业场所施工条件，保证施工安全，严禁违章指挥。

（18）试车前，先办理送电手续，然后检查现场及设备内部有无人员作业，对影响设备开机因素进行排查，无异常后方可送电试车，试车灵活，无异常响动，方可投入使用。

（19）检修中如需粘皮带，在紧固硫化机上下热板时，螺丝要上到位，防止倾斜导致两侧受力不均弹出伤人。

（20）硫化机接线、拆线必须是专职电工作业，硫化期间保证不间断供电。

二、设备检修有违章　更换垫片引爆炸

（一）案例：化学制药合成车间醇化系统缓冲罐爆炸

2010 年 2 月 27 日 15 时 10 分许，某药业有限公司化学制药合成车间发生一起容器爆炸事故，并引发火灾，造成 2 人死亡，2 人受伤，直接经济损失约 224 万元。

1. 事故经过和危害

该公司主要生产、销售医药中间体、香料香精等化工产品。发生事故的 606 车间的主要产品为香料芳樟醇，其最初原料是丙酮，车间有两套醇化系统，分别为丙酮、甲基庚烯酮醇化系统，车间分别称为第一、第二醇化。

因春节放假，该公司从 2010 年 2 月 27 日开始恢复芳樟醇 606 车间生产，在恢复生产前，用氨和乙炔混合气（乙炔含量 25%）对第二醇化系统试压。11 时左右，发现醇化釜 C 底阀上端法兰漏气，在对醇化釜 C 进行泄压后，对底阀上端的法兰垫片进行更换，在卸下连接螺栓之后，两片法兰之间产生了 3 厘米左右的空隙，整个更换过程用时约 50 分钟。用乙炔、氨混合气体对醇化釜 C 继续进行试压，又发现醇化釜 C 底阀上部短节处漏气，对漏气处法兰的螺栓进行了拧紧加固。14 时 20 分左右，维修工作完成后，又对醇化釜 C 进行试压，15 时许，醇化釜 C 压力上升到 17 千克左右。15 时 10 分左右，醇化系统缓冲罐发生爆炸并引发火灾，造成 2 人死亡，2 人受伤。

2. 事故原因分析

（1）事故发生的直接原因：违章操作，在对醇化釜 C 底阀上端法兰更换垫片过程中，空气由醇化釜 C 进入了缓冲罐，与缓冲罐内的乙炔、氨气体混合，并达到了爆炸极限。操作工在用乙炔、氨混合气进行试压时，在缓冲罐内造成绝热压缩，产生了引爆已经达到爆炸极限的乙炔、氨、空气混合气体的能量，使其在缓冲罐内发生了化学爆炸。

（2）事故发生的间接原因：企业对作业场的安全管理不到位，在系统试压时，没有制订具体的开车方案，未按照操作规程要求对醇化系统进行置换，未

及时发现和制止开车过程中的违章行为；职工安全意识不强，未对职工进行有效的安全生产教育培训，导致职工安全意识淡薄，存在侥幸心理，没有估计到违章作业可能造成的危险。

3．事故预防

（1）更换法兰垫片时应加盲板以隔断空气。

（2）系统试压时，按相关规定制订具体的开车方案，按照操作规程要求对醇化系统进行置换，及时发现和制止开车过程中的违章行为。

（3）积极参加单位组织的安全教育培训，增强自身的安全意识和防范风险能力。

（二）设备检修作业安全规程

1．检修前的准备

（1）设备检修作业开始前应办理《设备检修安全作业证》。

（2）根据设备检修项目要求，制订设备检修方案，落实检修人员、检修组织、安全措施。

（3）检修项目负责人需按检修方案的要求，组织检修人员到检修现场，交代清楚检修项目、任务、检修方案，并落实检修安全措施。

（4）检修项目负责人对检修安全工作负全面责任，并指定专人负责整个检修作业过程的安全工作。

（5）设备检修如需高处作业、动火、动土、断路、吊装、抽堵盲板、进入设备内作业等，须按 HG 23011、HG 23012、HG 23013、HG 23014、HG 23015、HG 23016、HG 23017 的规定办理相应的安全作业证。

（6）设备的清洗、置换、交出由设备所在单位负责，设备清洗、置换后应有分析报告。检修项目负责人应会同设备技术人员、工艺技术人员检查并确认设备、工艺处理及盲板抽堵等符合检修安全要求。

2．检修前的安全教育

（1）检修前，必须对参加检修作业的人员进行安全教育。

（2）安全教育内容：

◎ 检修作业必须遵守的有关检修安全规章制度。

◎ 检修作业现场和检修过程中可能存在或出现的不安全因素及对策。

◎ 检修作业过程中个体防护用具和用品的正确佩戴和使用。

◎ 检修作业项目、任务、检修方案和检修安全措施。

3. 检修前的安全检查和措施

（1）应对检修作业使用的脚手架、起重机械、电气焊用具、手持电动工具、扳手、管钳、锤子等各种工器具进行检查，凡不符合作业安全要求的工器具不得使用。

（2）应采取可靠的断电措施，切断需检修设备上的电器电源，并经启动复查确认无电后，在电源开关处挂上“禁止启动”的安全标志并加锁。

（3）对检修作业使用的气体防护器材、消防器材、通信设备、照明设备等器材设备应经专人检查，保证完好可靠，并合理放置。

（4）应对检修现场的爬梯、栏杆、平台、铁篦子、盖板等进行检查，保证安全可靠。

（5）对检修用的盲板逐个检查，高压盲板需经探伤后才可使用。

（6）对检修所使用的移动式电气工器具，必须配有漏电保护装置。

（7）对有腐蚀性介质的检修场所须备有冲洗用水源。

（8）对检修现场的坑、井、洼、沟、陡坡等应填平或铺设与地面平齐的盖板，也可设置围栏和警告标志，并设夜间警示红灯。

（9）应将检修现场的易燃易爆物品、障碍物、油污、冰雪、积水、废弃物等影响检修安全的杂物清理干净。

（10）检查、清理检修现场的消防通道、行车通道，保证畅通无阻。

（11）需夜间检修的作业场所，应设有足够亮度的照明装置。

4. 检修作业中的安全要求

（1）参加检修作业的人员应穿戴好劳动保护用品。

（2）检修作业的各工种人员要遵守本工种安全技术操作规程的规定。

（3）电气设备检修作业需遵守电气安全工作规定。

（4）在生产和储存化学危险品的场所进行设备检修时，检修项目负责人要与当班班长联系。如生产出现异常情况或突然排放物料，危及检修人员的人身安全时，生产当班班长必须立即通知检修人员停止作业，迅速撤离作业场所。待上述情况排除完毕，确认安全后，检修项目负责人方可通知检修人员重新进入作业现场。

（5）严禁涂改、转借《设备检修安全作业证》，变更作业内容、扩大作业范围或转移作业地点。

（6）对《设备检修安全作业证》审批手续不全、安全措施不落实、作业环境不符合安全要求的，作业人员有权拒绝作业。

5. 检修结束后的安全要求

（1）检修项目负责人应会同有关检修人员检查检修项目是否有遗漏，工器具和材料等是否遗落在设备内。

（2）检修项目负责人应会同设备技术人员、工艺技术人员根据生产工艺要求检查盲板抽堵情况。

（3）因检修需要而拆移的盖板、篦子板、扶手、栏杆、防护罩等安全设施要恢复正常。

（4）检修所用的工器具应搬走，脚手架、临时电源、临时照明设备等应及时拆除。

（5）设备、屋顶、地面上的杂物、垃圾等应清理干净。

（6）检修单位会同设备所在单位和有关部门，对设备等进行试压、试漏，调校安全阀、仪表和连锁装置，并做好记录。

（7）检修单位会同设备所在单位和有关部门，对检修的设备进行单体和联动试车，验收交接。

6.《设备检修安全作业证》的管理

（1）《设备检修安全作业证》由工厂机动部门负责管理。

（2）设备所在单位提出设备交出的安全措施，并填写《设备检修安全作业证》相关栏目。

（3）检修项目负责单位提出施工安全措施，并填写《设备检修安全作业证》相关栏目。

（4）设备所在单位、检修施工单位对《设备检修安全作业证》进行审查，并填写审查意见。

（5）工厂设备管理部门对《设备检修安全作业证》进行终审审批。

（6）检修项目负责单位应将办理好的《设备检修安全作业证》自留一份后，分别交机动部门、设备所在单位各一份。

三、操作未戴口罩　员工相继中毒

（一）案例：制药厂发生克念菌素中毒事故

2005 年 6 月 3 日，某药厂发生一起克念菌素中毒事故，导致 3 名工人因吸入过量克念菌素粉尘而中毒。

1．事故经过和危害

2005 年 6 月 3 日上午 9 时 30 分，某药厂 302 车间开始生产克念菌素。该药厂车间生产克念菌素的工艺流程如下：用克念菌素原料（颗粒状），加入预胶代淀粉、微晶纤维素、微粒硅胶、硬脂酸镁，经粉碎过筛再混合。上午粉碎过筛，下午再混合。粉碎过筛位于 302 车间 4 楼 417 室过筛室内，该室长约 4 米，宽约 2 米，高约 2.7 米，内有一台旋涡振荡筛和一台风冷式粉碎机，天花板上有一个 500 毫米 ×600 毫米的送风口，东北墙角有一个 400 毫米 ×500 毫米的排风口。据介绍，6 月 3 日上午，生产室内送排风装置已开启，但粉碎机内除尘风机未开启，导致室内有粉尘扬起。4 名操作工进入车间前经二次更衣后穿上连体工作衣帽，再戴上普通纱布口罩，但其中一人未戴口罩就进行操作。

1 名女操作工于上午 11 时左右感觉不舒服，有发冷、寒战、恶心、头晕、喉部不适等症状。后感觉呼吸时胸部疼痛，咳嗽加剧，咳后呕吐，共呕吐了 7 次左右。

下午 1 时 30 分到医院就诊。经检查，呼吸急促，CT 报告两肺纹理增粗、紊乱，经葡萄糖、鱼腥草针，左克针、泰诺林胶囊治疗，症状缓解。另 2 名工人下午上班时感觉头昏、头晕、恶心、胸闷、发冷、乏力，于下午 3 时、4 时到医院就诊，另一人未见特殊反应，而未就诊。

医院给予抗菌、抗毒素、激素等治疗后，症状缓解。

2．事故原因分析

通过调查了解及现场勘察，此次中毒主要是由于该车间容积小，4 名操作工在室内打粉操作，且个别工人未戴防护口罩，粉碎机内的除尘风机也未开启，导致室内粉尘过量。

另外，发病就诊的 3 人都有青霉素过敏史，年龄分别为 23 岁、26 岁、42 岁。克念菌素是一种抗生素、抗真菌药，主要不良反应是少数病人用药后有恶心、呕吐等不舒服感。此次发病原因不排除工人在操作中因吸入过量克念菌素粉尘引起的不良反应。

3. 事故预防

（1）配合单位有关部门做好卫生监督和职业卫生管理，尤其是职业卫生预防性监督，从源头控制职业中毒的发生。

（2）积极学习职业卫生知识，自觉参加卫生法规的宣教培训，合理利用个人防护器具，配合单位有关部门做好安全监护工作，防止事故发生。

（3）定期参加职业性健康体检和培训，遵守安全生产规章制度与有害作业场所监测制度。

（二）选择防尘口罩的三大原则

在工业生产环境中，存在着很多呼吸性危险物。这些危险物经常是不可见的，有些工人需要长期暴露于这些危险物中，如果不采取保护措施就会引起疾病。防护的方法有工程治理和个体防护。工程治理是首选的方法，但有时因资金、技术、工艺原料等方面的制约，一时无法达到标准，这时就需要个体防护，也就是通常所说的佩戴口罩。

口罩的选择有三大注意事项。

1. 口罩的阻尘效率

一个口罩的阻尘效率的高低是以其对微细粉尘，尤其是对 5 微米以下的呼吸性粉尘的阻隔效率为标准。因为这一粒径的粉尘能直接进入肺泡，对人体健康造成的影响最大。一般的纱布口罩，其阻尘原理是机械式过滤，也就是当粉尘冲撞到纱布时，经过层层的阻隔，将一些大颗粒粉尘阻隔在纱布中。但是，对一些微细粉尘，尤其是小于 5 微米的粉尘，就起不到阻隔作用。现在国外有一些防尘口罩，其滤料由充上永久静电的纤维组成，那些小于 5 微米的呼吸性粉尘在穿过此种滤料的过程中，被静电吸引而吸附在滤料上，真正起到阻尘作用。

2. 口罩与人脸形状的密合程度

因为空气就像水流一样，哪里阻力小就先向哪里流动。大家都有这样的经验，当水流遇到石头时会绕道而行。空气也是如此，当口罩形状与人脸不密合，空气中的危险物一样会从不密合处泄漏进去，进入人的呼吸道。那么，即便你选用滤料再好的口罩也无法保障您的健康。现在国外许多法规、标准规定，工人应定期进行口罩密合性测试，目的就是保证工人选用合适的口罩并按正确方法佩戴口罩。

3．口罩佩戴舒适程度

佩戴的口罩要求呼吸阻力要小，重量要轻，佩戴卫生，保养方便。这样工人才会乐意在工作场所坚持佩戴。现在出现了免保养型口罩，不用清洗或更换部件，当阻尘饱和或口罩破损后就可以直接丢弃，这样既保证口罩的卫生又免去了工人保养口罩的时间和精力。而且许多口罩都采用拱形设计，既能保证与人脸形状的密合良好，又能在口鼻处保留一定的空间，佩戴舒适。

如果您在选择口罩时遵循了以上三个原则，那就一定能够选择到一个有效、舒适的防尘口罩。

四、高温油管破裂　引燃周边物料

（一）案例：药业公司发生火灾事故

2013 年 10 月 21 日，山东省垦利县某药业有限公司发生一起火灾事故，导致 4 人死亡，1 人受伤。

1．事故经过和危害

2013 年 10 月 21 日上午 8 时 40 分左右，该公司厂区内，某防腐保温工程公司的施工人员正在对其厂房实施保温作业。紧靠维生素 B_2 车间（已停产 1 个月）西墙外侧的导热油管线（DN150）破裂，导致导热油（矿物型，最高使用温度 340℃，实际温度 270℃，0.1 兆帕）泄漏。

高温导热油引燃包装材料和成品，并产生大量烟气，致使正在四层平台实施保温施工的 5 名施工人员受困，造成 4 人死亡，1 人受伤。上午 9 时 30 分左右，明火被扑灭。

2．事故原因分析

经初步调查，事故的直接原因是：从导热油管线裂口喷出的高温导热油喷射到维生素 B_2 车间的窗户上后，玻璃破碎，导热油进入窗户内侧，引燃车间内的成品包装材料（纸箱）和成品，火势迅速扩大，并产生大量烟气，导致施工人员因吸入有毒有害气体和高温气体而死亡。

3．事故预防

（1）积极学习安全知识，参加技术培训，在生产过程中严格遵守生产及检修程序。

（2）配合有关部门对管线等设备进行定期维护和检查，消除安全隐患。

（3）熟知应急预案和在紧急情况下应采取的应急措施，积极参加单位组织的应急演练活动。

（二）制药厂消防安全治理

根据制药生产的特点，在消防治理上应采取以下治理方式：

1．按照公安部 61 号令的要求做到“四个明确”

即明确防火责任人，明确消防安全治理人，防火治理人应以分管生产，或分管设备的副职担任。明确专职防火治理人员，要力争以专职为主，并由有一定文化、有一定生产经验、熟悉企业生产工艺流程的人员担任。明确各自的防火职责，彻底杜绝随意性的现象发生，确保组织、人员责任落实。

2．严格企业的消防安全规范化治理

对消防安全治理要像对待药品质量那样一丝不苟，要充分认识到只有安全才能出效益，在消防安全治理上实施以全员、全方位、全过程、全天候性、规范化为主要模式的“四全一化”治理。

3．严格三项制度

即严格要求工程技术人员跟班制度，重点是检查工艺流程中的消防安全治理；严格操作人员执行各种消防安全规章制度和交接班制；严格设备定期检查维修制和消防设施维护保养制度的治理。

4．建立和完善企业消防档案治理

要在公安消防部门的指导下，建立和完善企业消防安全的档案制作和管理，突出灭火预案和应急疏散预案的制定，并定期组织演练使预案得到落实。

第六章

石化生产违章行为典型案例及规范操作办法

- 油罐误冒顶　发生大爆炸
- 灭火器不足　小火变大火
- 硝基苯爆炸　松花江污染
- 连通阀未关　减压炉闪爆
- 油库乱动火　油罐猛爆炸
- 管道焊接低劣　丙烷外泄爆炸

一、油罐误冒顶　发生大爆炸

（一）案例：化工厂罐区爆炸事故

1997年6月27日晚，北京某化工厂发生火灾爆炸事故，死亡9人，伤39人，20余个1000～10000立方米的装有多种化工物料的球罐被毁，直接经济损失达1.17亿元。

1．事故经过和危害

1997年6月27日晚8时，一辆油罐车停在北京某化工厂卸油站台上，工人打开阀门，向原料区的B罐灌装轻柴油。9时27分，一场突如其来的大爆炸发生了。巨大的爆炸声响彻天空，油罐区的罐顶和管架都燃起熊熊大火。15分钟后，乙烯B罐（共有ABCD 4台千立方米乙烯罐）发生了解体大爆炸，又一团火球升入天空，火焰高达数百米，火舌向外翻卷达五六十米。数公里内民房玻璃被震成碎片，远在30公里外的河北省三河县有震感，河北省宝坻地震台测定，爆炸威力相当于一级地震。

这次事故中有9人死亡，39人受伤，直接经济损失1.17亿元。事故中共烧毁油罐10座，其中万立方米原料罐6座，轻重油罐4座。乙烯B罐解体，乙烯A罐被炸倒在地，乙烯C、D罐出入口管线均已烧毁，其余十多个油罐和球罐都有不同程度的烧损。油火车卸油站台的油罐车烧损，铁轨移位变形，多处管线管架倒塌烧毁。操作室天花板、门窗和表盘炸塌炸损。罐区周边的房屋及建筑物部分被摧毁，强烈的辐射热将罐区四五平方公里内的树木全部烤焦。

2．事故原因分析

经过调查取证、计算机模拟和鉴定分析，事故的直接原因是：在从铁路罐车经油泵往储罐卸轻柴油时，由于操作工开错阀门，使轻柴油进入满载的石脑油A罐，导致石脑油从罐顶气窗大量溢出（约637立方米），溢出的石脑油及其油气在扩散过程中遇到明火，发生第一次爆炸和燃烧，继而引起罐区内乙烯罐等其他罐的爆炸和燃烧。

事故的直接原因暴露出该厂安全生产管理混乱，岗位责任制等规章制度没有落实。此外，也反映出罐区自动控制水平低，罐区与锅炉房之间距离较近且无隔离墙等问题。

3. 事故预防

（1）积极参加安全教育培训，增强自身安全意识，提高敬业精神和责任心，杜绝和减少工作中的操作失误现象。

（2）协助有关部门完善安全设施，在设备上设计防止误操作及误操作及时提醒和反馈的技术设施。

（3）配合和监督企业强化安全管理体制，对各个关键环节进行有效的安全监控和检查。

（二）油罐区安全规定

（1）严禁携带引火、发火危险品进入罐区。

（2）一般情况下禁止机动车辆进入罐区。特殊情况下应经有关部门批准，并带阻火器后方可进入。

（3）油罐区是全厂性重要设施，严禁无关人员进入。

（4）严禁在罐区堆放油污、油布、纸张、木材等杂物。管沟、电缆沟保持畅通，不得积存油污、垃圾等。下水系统不得存油、瓦斯和渗油。

（5）罐区应定时、定人进行巡回检查，有异常情况要立即向调度室和车间领导报告，并采取有效措施。

（6）轻质油泵房应加强自然通风和强制通风，室内禁止敲打和碰撞以防产生火花。

（7）罐区内应有完善的灭火设施和消防水源，并使其始终处于完好状态；消防道路要保持畅通无阻，不得堵塞。

（8）避雷装置和防静电接地装置每年应进行一次全面检查。

（9）应定期检查管道密闭性能是否良好，呼吸阀工作是否正常，在冬季呼吸阀是否冻结，液压式安全阀的液面是否保持规定高度，阻火器是否有损坏和变形，量油口有色金属衬垫是否完好等。

（10）油罐区应有足够的照明。宜采用远距离高悬透光灯。罐体上一般不设照明，必须时应选用合适的防爆型灯具。

（11）贮罐应设置防火堤，其有效容积符合设计规范要求。管线穿越防火堤处或分隔堤处的缝隙及堤壁上的空洞，必须全部封死。

（12）贮罐的走梯要有扶手，垂直走梯要有围栏。贮罐顶上入孔周围要有栏杆，防止坠落。

（13）对于正常生产或事故状态下，雨水明排沟穿越防火堤处所设的隔断设施的正确管理和操作规则，应由车间工艺技术员写成文字材料作为工艺操作规程的补充，每个操作工人应非常熟悉并会应用。

（14）罐区和生产装置内的残液、瓦斯、污油等的排放应有回收系统，不准随意排空或任意就地排放残液。

（15）贮罐管线需保温的，应严格控制温度，防止过高或过低，造成物料挥发或管线冻坏。

（16）贮存低沸易挥发物料的贮罐，夏季需用冷却水冷却罐壁。天凉停用后，必须将水放尽，防止冬天冻裂管线。

（17）不同物料贮罐的管道不得相连。如贮罐换装不同物料时，必须彻底清洗，经检查合格后方可换装，以防物料相混。

（18）操作人员应经常检查仪表指示的液面与实际液面是否相符，防止出现假液面造成跑料事故。

（19）油品贮罐进口管，应在罐的下部进入，以免冲击摩擦产生静电，严禁采用自由流入方式向油罐、油槽车和油桶中灌注轻质油及其他易燃液体。调合罐禁止通风搅拌。

（20）向贮罐输油的油泵能力不应超过呼吸阀的工作能力，以免损坏贮罐。

（21）油罐油品的加温、脱水循环、清洗、输转、切换和油罐一系列管理制度，必须建立健全，应严格遵守如下规定：

◎ 除凝固点过高的原油外，温度一般应控制在油品的闪点以下。向有水分的贮罐送油温度不超过 90℃。超过 90℃以上的贮罐收油不得带水，不得直接向该罐用蒸汽扫线，以防冒顶跑油。有升降管的必须将升降管提到水层以上。

◎ 油罐脱水不准离开人，应遵守“三脱水”制，即收油前脱水、收油后沉降脱水、移动前脱水。

◎ 对调合罐可根据罐的容积大小，泵排量大小和各种调合油品的性质决定循环时间。循环时各有关阀门的开关情况应检查好，防止串油。

◎ 为保证油品质量和安全检修，贮罐必须定期清扫、清洗，清洗时必须采用蒸汽直接吹扫加温并保证足够时间，所有与罐体相连的阀门，管线一定要切断关严，防止误操作使油串入罐内伤人。

◎ 油罐收付前后，需详细检查阀门、管线是否开关正确，切换时必须遵守“先开后关”的原则，以免憋压。

◎ 闪点低于60℃以下的油品，禁止用压缩空气扫线，夏季不扫线应防止管线受热升压。闪点高于60℃的油品在用压缩空气扫线时，油温必须低于该油品闪点20℃。

◎ 清洗含有硫化物的贮罐时，应不断用水浇洒，保持潮湿，防止硫化铁自燃；清除出的硫化铁应运出罐区，埋入地下。

（22）灌装、放置和搬运闪点45℃以下油品时应遵守如下规定：

◎ 灌装速度应缓慢，故出口流速小于4米/秒。

◎ 油桶或其他容器的灌装量要留有余地，即留有一定的空间高度。

◎ 露天贮放要防止撞击。

◎ 搬运时要防止撞击，滚动时垫好木板。

◎ 灌装石油气体的容器、槽车，需首先用惰性气体置换，使氧含量小于0.5%。

（23）雷雨时应停止输送油品，防止雷电感应引起火灾。

（24）检尺和采样口平时要盖严。量油尺和采样器应有防止碰撞产生火花的措施，起落要缓。

（25）严禁穿带钉子的鞋进入罐区和到油罐、槽车上去操作。

二、灭火器不足　小火变大火

（一）案例：炼油厂火灾事故

2004年10月10日，云南省某工贸开发有限公司炼油厂突然起火，近20吨的油料被大火吞噬。50多名消防战士，冒着危险与大火搏斗了1.5个小时，在油料罐即将爆炸前，已将大火扑灭。由于扑救及时，油罐未出现爆炸，大火没有造成人员伤亡，直接经济损失达数万元。

1. 事故经过和危害

2004年10月10日13时30分，该炼油厂4#炉突然起火。见到起火后，2个工人急忙取来一些被水润湿的麻袋，去压盖起火的锅炉，可是效果很小，他们又找来了4只灭火器，2大2小，可是2只小的灭火器内，居然没有喷出一点泡沫。待用大灭火器进行灭火时，上窜的火焰已经有10余米。起火的4#炉旁堆放有每桶200千克的煤焦油50桶，而在4#炉内还有经过第一次加工后留存的4吨混合油，与4#炉相邻的2#炉内还有2吨左右油料，搅拌机中还有5吨煤焦油。一旦这些油料都燃烧，炉内油料极可能发生爆炸。2名工人被吓得逃出了加工车间，急忙去报了火警，而此时已经是起火后半小时了。

14时9分，接到火警的消防队员赶到现场，当时的火焰已经将4#炉包围，火势很大，已经快接近其他几个炼油炉。由于是油料起火，消防人员用了2吨泡沫灭火剂、15吨水才将火势控制住，并为炙热的锅炉进行了全面降温，由于扑救及时，油罐没有出现爆炸。15时29分，炼油厂大火全部扑灭，没有造成任何人员伤亡。这个面积约400平方米的炼油厂，其四分之一都被大火摧毁，高约10米的厂房顶棚，已被烧得瓦穿梁塌，就连支撑用的金属支架也变了形。

2. 事故原因分析

（1）工人违章操作。工人在清理炼油炉内的油渣时，由于操作不恰当，致使油渣飞溅遇明火而发生燃烧。

（2）缺乏必要的消防安全意识和必备的灭火常识。本来初期火灾较小，只要处理得当，火势是可以控制的，但在扑救过程中，工人缺乏灭火技能，加之灭火器材严重不足并失效，因而火势蔓延，造成重大损失。

3. 事故预防

（1）发现火灾应立即拨打“119”报警，正所谓“报警早，损失少”。

（2）一定要在火灾初期阶段，根据具体情况，用各种消防器材，抓紧时间扑救。切不可惊慌失措，延误时机，使火灾扩大。

（3）消防水、手推车式和手提式泡沫、干粉灭火器等要配备充足，维护保养完好，随时处于备用状态。发生事故，严格按“四不放过”原则进行严肃处理，绝不姑息迁就。

（4）提升自身素质，熟练掌握本岗位的操作技能，严格遵守安全生产规章制度和操作规程，积极参加安全和技术培训，提高安全生产技能。

（二）火灾预防和扑救

国家制定了“预防为主，防消结合”的消防工作方针。每位员工应具备和掌握必要的化工火灾扑救知识。

1. 灭火基本方法

一旦起火，可采用的灭火基本方法有隔离法、冷却法、窒息法和化学反应中断法。

（1）隔离法就是将火源与火源附近的可燃物隔开，中断可燃物质的供给，使火势得到控制。少量的可燃物燃烧后，或同时使用其他灭火方法，把火扑灭。

（2）冷却法就是用水等灭火剂喷射到燃烧着的物质上，降低它的温度。当温度降低到该物质的燃点以下时，火就扑灭了。

（3）窒息法就是用不燃（或难燃）的物质，覆盖、保护燃烧物，阻碍空气（或其他氧化剂）与燃烧物质接触，使燃烧因缺少助燃物而停止。

（4）化学反应中断法又称抑制法，就是将抑制剂渗入燃烧区域，以抑制燃烧连锁反应进行，使燃烧中断灭火。用于化学反应中断法的灭火剂有干粉、卤代烷烃等。

2. 常用灭火器

常用灭火器有酸碱、泡沫、二氧化碳、干粉和“1211”“1301”等几种灭火器类型。

（1）酸碱灭火器

由筒体、瓶胆、筒盖、提环等组成。使用时将筒身颠倒，此时两种溶液（浓硫酸和碳酸氢钠）混合，生成大量的二氧化碳气体而产生压力，使溶液喷出、冷却燃烧物，降低温度以扑灭火焰。使用时要注意，先用手握提环、另一手握筒底边，然后颠倒筒身，上下摇晃几次，灭火剂喷出。灭火剂的底部和顶盖不能对着人体。该灭火器常用于扑救竹、木、棉、毛、草、纸等物质的初次火灾。

（2）泡沫灭火器

该灭火器有 MP 型手提式、MPZ 型手提式和 MPT 型推车式三种。其原理和使用方法与酸碱灭火器相似。它适用于扑救油脂类、石油产品及一般同体物质的初次火灾。

（3）二氧化碳灭火器

二氧化碳灭火器有 MT 型手轮式和 MTZ 型鸭嘴式两种 MT 型手轮式，使用时先将铅封去掉，手提提拔，提起喷筒，再将手轮按逆时针方向旋转开启，高压气体即自行喷出。灭火时，人要站在上风向，手要握住喷筒木柄，以免冻伤。MTZ 型鸭嘴式灭火器使用时先拔去保险销，手持喷筒把手，并紧压把气体喷出，不用时将手放松即关闭，其他与 MT 型相同。它主要用于扑救贵重设备、档案资料、仪器仪表、600 伏以下的电器设备及油脂等火灾。

（4）干粉灭火器

干粉灭火器有 MF 型手提式、MFT 型推车式和 MFP 型背负式三种。使用时一定要紧握喷嘴，再拉动二氧化碳钢瓶上的拉环，防止皮管喷嘴因大气作用而乱晃伤人。用干粉灭火器时，相距火源 2 ～ 3 米。并使粉雾覆盖燃烧面，效果较为显著。干粉灭火器适用于扑救油类产品，可燃气体和电器设备的初期火灾。

（5）“1211” 和 “1301” 灭火器

“1211” 灭火器有 MY 型手提式和 MYT 型推车式两种。灭火时首先要拔掉安全销，然后紧握压把开关，压杆就将吸管密封阀开启，于是 “1211” 灭火器在氮气压力的作用下，通过虹吸管喷射出。当松开压把时，压杆在弹簧的作用下，恢复原位，阀门关闭，使停止喷射。喷嘴应对准火源根部。

“1301” 灭火器适用于扑救油类、精密机械设备、仪表、电子仪器及图书文物等贵重物品的初起火灾。它的绝缘性能好，灭火时不会污损物品，灭火后不留痕迹，且灭火效率高，速度快。但要防止回火复燃，使用时灭火器应垂直放置，不可放平或颠倒使用。

3. 火灾扑救须知

（1）扑救火灾一般原则。

◎ 边报警、边扑救。当发现初起火时，是扑救的最佳时机，要积极进行扑救。在积极组织扑救的同时，应尽快拨打“119”火警电话向公安消防队报警，还要讲清起火单位名称、详细地址、联系电话，并主动及时介绍燃烧物的性质和火场内部情况，以便迅速扑救。

◎ 先控制、后灭火。在扑救气体或液体火灾时，如果气体、液体从容器、管道中不断流动，应首先切断可燃物的来源，然后争取灭火一次成功。

◎ 先救人、后救物。火灾时，如果人员受到火灾的威胁，人和物相比，人是主要的，应贯彻救人重于救火的原则。

◎ 防中毒，防窒息。许多化学品燃烧时会产生有毒烟雾。火灾现场氧含量较低，因此在灭火中应特别注意防中毒、防窒息。

◎ 听指挥，莫惊慌。因为化工火灾通常复杂，危险性大，灭火要求高，因此发生火灾时一定要保持镇静，有组织地迅速采取正确措施扑灭初起火灾。

（2）化学危险品的火灾扑救。

扑救化学危险品火灾，如方法不当会使火灾扩大，甚至引发爆炸，因此要针对具体情况来确定如何扑救。主要是根据它们的比重大小，能否溶于水和哪一方面对灭火有利来确定。

（3）电气火灾扑救。

电气设备发生火灾时，为了防止触电事故，一切都在切断电源后才进行扑救。

一般情况下灭火时，都必须首先切断电源。若特殊情况下，需带电灭火，则只能使用不导电的灭火剂，如用二氧化碳、“1211”、“1301”、干粉等灭火器进行灭火。千万不能直接用水、泡沫等导电的灭火剂喷射，否则会造成触电事故。

为了做好消防灭火工作，必须爱护好消防灭火器材，不准随意拉开插销或打开试试。用完灭火器材后，必须放回原处或添加新的灭火器材。只有这样，才能确保灭火器材在急需时发挥作用。

三、硝基苯爆炸　松花江污染

（一）案例：石化公司双苯厂爆炸事故

2005年11月13日，吉林某石化公司双苯厂硝基苯精馏塔发生爆炸，造成8人死亡，60人受伤，直接经济损失6908万元，并引发松花江水污染事件。

1．事故经过和危害

2005年11月13日，因苯胺二车间硝基苯精馏塔塔釜蒸发量不足、循环不畅，替休假内操顶岗操作的二班班长徐某组织停止硝基苯初馏塔和硝基苯精馏塔进料，排放硝基苯精馏塔残液，降低塔釜液位。10时10分，徐某组织人员进行排残液操作。在进行该项操作前，错误地停止了硝基苯初馏塔T101进料，没有按照规程要求关闭硝基苯进料预热器E102加热蒸汽阀，导致进料温度升高，在15分钟内温度超过150℃量程上限。11时35分左右，徐某回到控制室发现超温，关闭了硝基苯进料预热器蒸汽阀，硝基苯初馏塔进料温度开始下降至正常值。

13时21分，在组织T101进料时，再一次错误操作，没有按照“先冷后热”的原则进行操作，而是先开启进料预热器的加热蒸汽阀，7分钟后，进料预热器温度再次超过150℃量程上限。13时34分，启动了硝基苯初馏塔进料泵向进料预热器输送粗硝基苯，当温度较低的26℃粗硝基苯进入超温的进料预热器后，由于温差较大，加之物料急剧气化，造成预热器及进料管线法兰松动，导致系统密封不严，空气被吸入系统内，与T101塔内可燃气体形成爆炸性气体混合物，引发硝基苯初馏塔和硝基苯精馏塔相继发生爆炸。5次较大爆炸，造成装置内2个塔、12个罐及部分管线、罐区围堰破损，大量物料除爆炸燃烧外，部分物料在短时间内通过装置周围的雨排水口和清净下水井由东10号线进入松花江，引发了重大水污染事件。

2．事故原因分析

（1）爆炸事故的直接原因是硝基苯精制岗位外操控人员违反操作规程，在停止粗硝基苯进料后，未关闭预热器蒸汽阀门，导致预热器内物料气化；恢复硝基苯精制单元生产时，再次违反操作规程，先打开了预热器蒸汽阀门加热，后启动粗硝基苯进料泵进料，引起进入预热器的物料突沸并发生剧烈振动，使预热器及管线的法兰松动、密封失效，空气吸入系统，由于摩擦、静电等原因，导致硝基苯精馏塔发生爆炸，并引发其他装置、设施连续爆炸。

（2）爆炸事故的主要原因是该公司及双苯厂对安全生产管理重视不够、对存在的安全隐患整改不力，安全生产管理制度存在漏洞，劳动组织管理存在缺陷。

（3）污染事件的直接原因是双苯厂没有事故状态下防止受污染的水流入松花江的措施。爆炸事故发生后，未能及时采取有效措施，防止泄漏出来的部分物料和循环水及抢救事故现场消防水与残余物料的混合物流入松花江。

3．事故预防

（1）遵守安全生产规章制度和安全操作规程，自觉接受安全教育和培训，掌握必要的安全生产知识，增强自身安全意识。

（2）加强岗位的基本功训练，明确安全生产责任制，坚决不违章操作。

（3）配合企业对工艺规程、操作方法进行审核和监督，及时发现存在的问题。提醒和督促企业更新落后的生产设备。

（4）在生产过程中，要自觉配合有关部门对危险品、危险源的管理，定期检测、评估和监控，熟练掌握应急预案和紧急情况下应采取的应急措施。

（二）硝基苯安全生产要点

1．硝化釜

（1）严格控制硝化釜投料量和投料配合比是减少副反应物生成和防止冒釜的手段之一。投料量过大，反应热量不能及时移出会造成温度急剧升高，严重时可造成突沸冒釜。混酸投料过量会增加二硝基化合物的生成。因此，应对硝化釜的计量投料进行必要的检查，当计量罐进料时，其罐的出口阀（投料）必须关闭，严禁不经计量的投料。

（2）硝化釜内的水冷却器是调节反应温度的重要设备，要保证足够的水量和温差才能平衡硝化反应的热量。另外，要保证冷却器不能漏水，否则会造成水与酸的激烈放热反应出现冒釜等危险。生产中要加强对冷却水系统水压和温度的检查，及时消除冷却水系统的缺陷和隐患。定期对冷却器腐蚀情况进行检查测试，生产投料前要监督做好试压工作。

（3）硝化釜的搅拌装置是均衡反应，防止和减少局部二硝化的手段，投料前要对其试车情况进行检查，不准带病开车。生产过程中发现设备运转有异常时，应视反应进行情况及时停车排除。

（4）本装置的设备、管道因受强氧化剂的腐蚀作用而寿命缩短，要及时定期对腐蚀情况进行检查，不允许继续使用已丧失安全裕度的设备与管道，防止生产中出现异常温度而使压力波动，而发生破坏性爆炸事故。

2．其他部位

（1）定期对下列安全防护装置、器具进行检查、维护和保养：厂房通排风装置、可燃气体检测报警仪器、苯贮罐的呼吸阀、喷淋水、防液堤、苯系统的静电接地设施、消火栓及其他灭火器材、清水冲洗设施、事故柜及其救护器材、个人防护用具（防酸作业服、防毒面具、防护眼镜、胶皮手套、胶皮靴等）。

（2）经常检查硝酸、混酸生产区域内，是否有木材、草袋等植物类纤维物品堆放、贮存，若发现有违章乱堆乱放情况，应责令尽快迁出，防止一旦发生漏酸引起火灾。

（3）在清除设备、管道内的硝基酚盐类化合物沉淀物时，要监督其采用蒸煮清洗方法，禁止使用机械铲刮，防止发生爆炸危险。

（4）装置内禁止动用各类火种，避免撞击、震动，不得任意敲打设备、管道等。

四、连通阀未关　减压炉闪爆

（一）案例：石化公司常减压装置闪爆事故

2003年9月12日，辽宁锦州某石化公司300万吨/年常减压装置检修后进行开车，17时10分在减压炉点火时，发生闪爆事故。事故造成3人死亡、1人重伤、5人轻伤的严重后果，同时造成炉壁及框架严重损坏，减压炉整体损毁报废，事故直接经济损失45万元。

1. 事故经过和危害

2003年8月25日，辽宁锦州某石化公司300万吨/年常减压装置开始常规检修。9月11日8时，检修完毕，交付生产开车。

9月11日8时至17时，装置进行吹扫试压，17时停气，拆除油品出入装置盲板，为开工作准备。20时抽出燃料油、高压瓦斯盲板。

9月12日8时30分，引柴油循环，脱水考验仪表；14时，加热炉准备点火。司炉工受车间生产主任指派找安全员联系中心化验室取样分析常压炉和减压炉可燃气体，结果显示分析合格。16时，引原油循环。16时30分，车间生产主任安排司炉工作点炉准备及点炉前的最后检查，安排班长带人投瓦斯系统，准备点火。16时55分，完成常压炉点火后，司炉工直接去减压炉一层平台作开阀准备，另外的司炉工在进入炉底点减压炉9#火嘴时，减压炉发生闪爆。

2. 事故原因分析

（1）操作人员疏忽大意，技术上不熟练，点火前没有认真检查瓦斯流程。

（2）遗漏步骤，未按规程要求打开引风机、鼓风机；点火前对工艺流程阀门开关不检查、不确认，没有检查出三个低压瓦斯火嘴控制阀和高、低压瓦斯连通阀有开度，使高压瓦斯串入炉膛内，违章点火操作。

（3）车间没有对操作员在开工过程中的操作步骤进行有效的监督和控制。

（4）车间安排炉膛采样分析程序不对，没按规定的程序进行，没能及时避免事故发生。

（5）车间工艺员工作不负责任，漏插盲板。

3．事故预防

（1）增强自身安全意识，培养扎实的工作作风，严格遵守安全生产规章制度和安全操作规程，不随意简化和遗漏安全生产流程。

（2）在生产过程中出现变更事项时，要熟悉变更后的开工方案和流程，不可随意开工和操作。

（3）恪守安全生产规章制度，加强自身纪律性，协助领导进行监管和控制，对出现的安全生产漏洞及时上报相关负责人员。

（4）参加单位组织的安全教育和技能培训，提升操作的熟练程度和安全性。

（二）阀门安全试压管理规定

（1）所有阀门开箱后应进行外观检查，包括阀体上铭牌齐全，产品质量证明文件，阀门处于关闭状态，无法兰面等其他损伤，无脏污，两端有防护盖等。

（2）操作人员应对试压台操作熟悉。

（3）阀门试压 JHA 完善，操作人员对阀门试压、倒运等过程的安全隐患应熟悉并有相应的预防措施。

（4）阀门试压流程为：阀门壳体强度试验，上密封试验，密封试验。

◎ 阀门壳体强度试验介质采用水，压力为阀门公称压力的 1.5 倍，保压时间 5 分钟，无滴漏或潮湿为合格。

◎ 阀门上密封试验介质采用水，压力为阀门公称压力的 1.5 倍，保压时间 DN ≤ 50 为 15 秒，65 ≤ DN ≤ 300 为 60 秒，DN ≥ 350 为 120 秒，无渗漏为合格。

◎ 阀门密封试验进行低压密封试验，试验介质采用空气（闸阀），压力为 0.6 兆帕，保压时间 DN ≤ 50 为 15 秒，65 ≤ DN ≤ 150 为 60 秒，DN ≥ 200 为 120 秒，渗透量符合要求为合格。

◎ 试压合格后应及时用压缩空气将阀腔内水吹干。

◎ 试压合格的阀门在阀体上做上标识“√”，不合格的阀门做上标识“×”。

◎ 试压后阀门应按照装置按型号规格分开堆放，不合格品单独堆放；每个堆放区都应竖立明显的标示牌。试压后阀门应盖回封盖，在堆放区用彩条布进行覆盖保护。

◎ 阀门试压后应及时按装置填写《阀门 / 管件试验记录》，其型号栏填写阀门阀体上的采购合同编号。

◎ 试验合格的阀门发放，需填写《阀门发放记录》，发放和接收双方签字。

◎ 不合格阀门需单独建立《不合格阀门信息台账》。

五、油库乱动火　油罐猛爆炸

（一）案例：炼油厂油库动火作业造成油罐爆炸

1998 年 11 月 27 日，四川省南充市某炼油厂铁路专用线油库油罐发生爆炸。事故造成 3 人死亡，1 人重伤，直接经济损失达 5.7 万元。

1. 事故经过和危害

1998 年 9 月 25 日，进延安炼油厂渣油，投入试生产运行。在试运行过程中，工作人员发现该罐高进口吹扫管线 DN100 毫米的伴热蒸汽管线 DN25 毫米有泄漏现象。11 月 27 日，建安公司管铆车间管工组组长受车间安排，带领管焊工 5 人到厂铁路专用线 D-1 渣油罐对进口管线的伴热线进行补漏。车间安全员向管工组组长交代伴热线补漏内容，并对地面渣油进行清理。管工组组长带领工人开始在罐上进行动火补漏作业，车间安全员在罐下监火。在动火约 5 分钟后，油罐发生爆炸、着火。

爆炸时，为补漏作业所搭的 16 米高的脚手架与被炸断的高位进口管线、蒸汽伴热管线同时向北倾倒，管工组组长和 1 名焊工被摔在地面工艺管线上，1 名管工在爆炸中从罐顶摔到地上，1 名气焊工被卡在罐顶与罐壁之间的变形处。

2. 事故原因分析

在对伴热线进行补焊时，现场未采取有效的安全保护措施。在实施补焊时，同时加热与伴热线紧靠的高位吹扫管线（现场可看到在高位吹扫管线与伴热线同一位置处，表面有被加热后氧化的痕迹），将管线内气体加热到其自燃点以上。管内气体与 D-1 渣油罐是直接连通的，在施焊时，未停止蒸汽对罐内渣油的加热，就产生了可燃的轻组分油气（因这批渣油馏分含汽油组分 C8 ～ C12，初馏点为 158℃），根据计算其自燃点为 415℃～ 530℃，爆炸极限为 1% ～ 6%。同时，罐顶的量油孔是敞开的，空气进入罐内，两种气体在罐内混合达到爆炸极限。管线被加热后便产生了爆炸、着火。

3．事故预防

（1）严格遵守动火审批制度，杜绝违规操作。

（2）认证落实《安全生产管理规定》，恪守安全生产规章制度与操作规程，明确周围的危险品、危险源的性质和特点。

（3）配合有关部门落实施工监管制度，对发现的违规操作现象及时上报，并协助整改。

（4）积极参加安全教育培训，增强自身安全意识，提高敬业精神和责任心，熟知发生事故时应采取的应急方案和步骤。

（二）油库动火作业的安全要求

（1）动火作业票（证）。禁火区内动火时，应办理动火的申请、审核和批准手续，明确动火的地点、时间、范围、方案、安全措施。动火作业手续不齐，安全措施没有落实，动火内容、地点变更，动火作业时间过期等都不准动火。

（2）协作联系。动火作业前应由审批单位通知协作单位和相关单位，有关动火作业的设备、部位、时间和协作（调）内容；动火单位应主动与协作和相关单位联系，协调有关事宜；动火负责人和安全负责人应共同组织各项动火作业，落实安全措施，并做好全面记录。

（3）拆迁封堵。凡是可以拆迁至非禁火区或其他安全地方进行动火作业的设备、零部件等，不应在禁火区内动火，尽量减少在禁火区动火的工作量。拆迁设备、零部件后的孔洞应立即封堵，以防油品流失或油气散发。

（4）隔离封堵。凡与动火设备、工艺管路相连的运行设备、工艺系统都必须可靠隔离封堵，以防油品、油气泄漏到动火设备、工艺管路和动火作业场所；必要时应将动火区与其他区域用防火墙等措施隔开，防止油品、油气窜入动火作业现场遇火星而引起事故。

（5）移去可燃物。将动火地点周围10米内的一切可燃物，如溶剂、润滑油、未清洗的盛放过易燃液体的容器、木框、棉布等都应移至安全场所。

（6）灭火措施。动火期间作业点附近的水源应充足，不中断；灭火器材数量足够，性能好；按安全措施派消防车和消防人员到现场，并作好灭火的充分准备。

（7）动火分析。动火分析主要是油气检测、分析，危险区域范围判断。一般在动火前30分钟进行，如动火中断30分钟以上应重新分析。分析数据应做记录，分析结果应填写分析化验报告，并签字。重要的动火作业应留试样保存到动火结束之后，从理论上讲，爆炸性混合气体浓度小于爆炸下限时不会发生燃烧爆炸事故。但考虑取样的代表性，分析化验的误差，测试分析仪器的灵敏度，场所各部位油气浓度的不均匀性等因素，动火合格标准为：国内要求小于爆炸下限的 4%，国外标准有的取爆炸下限的 20%。

（8）检查监护。根据动火作业性质、范围及场所的重要程度，可能发生事故的严重程度，检修作业指挥机构、项目和安全负责人应会同有关人员，按照动火作业方案和安全措施，逐项检查落实，进一步明确和落实动火现场的指挥者和监护人，交代安全事项。

（9）动火作业

◎ 动火作业应由经考试合格的人员担任，无合格证的人员不得独立从事焊接工作。

◎ 动火时应注意火星飞溅方向，采用不燃材料挡板来控制火星，防止落入危险区域。

◎ 高处动火作业时，应戴安全帽、系安全带，遵守高处作业安全规定。

◎ 氧气瓶、乙炔发生器或乙炔气瓶不得泄漏，两者间距不小于 5 米，距明火 10 米以上。

◎ 电焊机火线和接地线应完整无损，连接牢固。禁止用铁棒代替接地线或搭接于固定接地点，接地线应接在靠近焊接处的设备上，不准采用远距离接地回路。

◎ 动火作业超过半小时以上，应检测现场油气有无变化。

◎ 在动火作业中，相邻设备一般应停止收发、罐装等作业，以防逸散的油气威胁安全。

◎ 动火作业中如遇跑油或大量油气逸散等不正常情况，监护人员即命令停止动火。恢复正常，重新进行动火分析、办理动火手续后，方可继续动火作业。

◎ 动火作业中如遇六级以上大风，一般不应在高处动火，也不宜继续动火。

◎ 动火作业结束时，应清理现场，熄灭余火，做到不遗留火种，切断电源。

六、管道焊接低劣　丙烷外泄爆炸

（一）案例：石化公司丙烷外泄爆炸事故

1984年1月1日凌晨5时32分，辽宁省大连市某石化公司石油七厂催化车间气体分馏装置发生一起重大爆炸火灾伤亡事故，造成5人死亡，18人重伤，62人轻伤，直接经济损失达252万元。

1．事故经过和危害

辽宁省大连市某石化公司石油七厂催化车间气体分馏装置于1983年12月24日开车，为丙烷脱沥青装置生产溶剂丙烷。开车前，整个系统是在0.588兆帕下保压。开车后，系统提高到正常操作压力1.715兆帕。直到事故前，装置生产正常。

1984年1月1日5时26分左右，在岗工人突然听到气体分馏塔区发出泄压的尖鸣声，4名操作员相继迅速赶到现场查找原因。开始均认为是蒸汽泄漏，操作工便首先关闭脱丙烯塔底重沸器蒸汽入口的控制阀，又关了气体分馏伴热蒸汽总阀。但声音和漏汽量却不减。此时，值班的车间副主任到现场，与大家一起寻找原因。突然，泄压声由尖鸣变为沉闷，在场的人感到全身发凉，液化气味很浓，透不过气来。车间副主任便和2名操作工摸出装置，到距装置60多米远的门岗打电话，向总厂值班室报告。同时，当班班长在操作室一边命令紧急熄火停炉，一边拿起电话向厂部调度室汇报。话音未落，巨大的爆炸就发生了。气体分馏装置和催化装置的吸收稳定区域顿时一片火海。从听到泄压尖鸣声到发生爆炸历时6分钟。大火燃烧1小时18分钟，于6时50分才被扑灭。

这次事故燃烧面积达5760平方米，破坏面积为4万多平方米。爆炸火灾使气体分馏装置摧毁。催化裂化部分装置及吸收稳定区部分空冷和管架倒塌，设备受到严重破坏。3个泵房、“三机”厂房、4个配电室倒塌。催化裂化操作室、重整车间仪表室部分受到破坏，仪表被毁坏。东侧的热电站油泵房1号、2号、3号锅炉顶盖建筑结构遭到严重破坏。新建尚未投入运行的电站升压站房屋损坏。电站3台锅炉的联合烟道被震塌。全厂一度停汽，发电机组停运，各生产装置被迫停产。此次爆炸火灾事故造成 85 人伤亡，其中 5 人死亡、18 人重伤、62 人轻伤，直接经济损失达 252 万元。

2．事故原因分析

（1）焊接质量低劣，有严重的夹渣和未焊透现象。整个焊缝有 3 个气孔，其中有一个气孔直径达 2 毫米，有的焊肉厚仅为 1 ～ 2 毫米。

（2）在开车、停车扫线、试压等运行中的压力、流量变化，是造成焊口低周疲劳的外部原因。

3．事故预防

（1）严格控制焊接质量，做到检查不合格不开车；

（2）易燃易爆物周围要使用防爆电器。

（二）管道焊接及验收规范

1．一般规定

（1）本章适用于含碳量小于或等于 0.30% 的碳素钢、低合金结构、低温钢、耐热钢、不锈钢、耐热耐蚀高合金钢现场焊接设备和管道的手工电弧焊、氩弧焊、二氧化碳气体保护焊、埋弧焊及氧—乙炔焊。

(2)焊缝的设置应避开应力集中区,便于焊接和热处理,并应符合下列规定。

◎ 钢板卷管或设备、容器的筒节与筒节、筒节与封头组对时，相邻两纵向焊缝间的距离应大于壁厚的 3 倍，且不应小于 100 毫米；同一筒节上两相邻纵缝间的距离不应小于 200 毫米。

◎ 加热炉受热面管子的焊缝中心与管子弯曲起点、联箱外壁及支、吊架边缘的距离不应小于 70 毫米；同一直管段上两个对接焊缝间的距离不应小于 150 毫米。

◎ 除焊接及成形管件外的其他管子对接焊缝的中心到管子弯曲起点的距离不应小于管子外径，且不应小于 100 毫米；管子对接焊缝与支、吊架边缘之间的距离不应小于 50 毫米。同一直管两对接焊缝中心面间的距离：当公称直径大于或等于 150 毫米时不应小于 150 毫米；公称直径小于 150 毫米时不应小于管子外径。

◎ 不宜在焊缝及其边缘上开孔。

（3）焊缝的坡口形式和尺寸应符合设计文件和焊接作业指导书的规定。当无规定时，埋弧焊焊缝坡口形式及尺寸应符合现行国家标准《埋弧焊焊缝坡口的基本形式与尺寸》的规定，其他焊缝坡口形式和尺寸应符合相关规定。

2. 焊接质量检验

（1）本工程焊接质量等级为Ⅲ级标准，参照〔CJJ28—2004〕管网工程施工验收规范执行。

（2）焊缝尺寸应符合要求，焊缝表面应完整，高度不应低于母材表面，并与母材圆滑过渡。

（3）不得有表面裂缝、气孔、夹渣及熔合飞溅物等缺陷。

（4）咬边深度应小于 0.5 毫米，且每道焊缝的咬边长度不得大于该焊缝总长的 10%。

（5）表面加强高度不得大于该管道壁厚的 30%，且小于或等于 5 毫米，焊缝宽度应焊出坡口边缘 2 ～ 3 毫米。

（6）表面凹陷深度不得小于 0.5 毫米，且每道焊缝表面凹陷长度不得大于该焊缝总长度的 10%。

（7）焊缝表面检查合格后由施工方填写检测报告单，报甲方存档。

（8）焊缝检查合格后，由施工方委托国家授权的无损探伤机构来完成检验工作，焊缝无损探伤检验数量为 15%。

（9）分标段进行水压试验，试验压力为设计压力的 1.5 倍。

第七章

焦化生产违章行为典型案例及规范操作办法

- 处理运行故障　铁锹卷入致死
- 接手不配套　熄焦车脱节
- 违章擅开车　烧坏驾驶室
- 违反备煤规程　胳膊带入卷筒
- 焦炉施工违章　砸伤架下工人

一、处理运行故障　铁锹卷入致死

（一）案例：焦化厂皮带机伤害事故

2001 年 6 月 14 日，山西省太原某焦化厂发生了一起皮带机伤害事故，导致 1 名操作工死亡。

1．事故经过和危害

2001 年 6 月 14 日 15 时，该厂备煤车间 3 号皮带输送机岗位操作工郝某从操作室进入 3 号皮带输送机进行交接班前检查清理，15 时 10 分许，捅煤工刘某发现 3 号皮带断煤，于是到受煤斗处检查，捅煤后发现皮带机皮带跑偏，就地调整无效，即向 3 号皮带机尾轮部位走去，离机尾 5 ～ 6 米处，看到有折断的铁锹把在尾轮北侧，未见郝某本人，意识到情况严重，随即将皮带机停下，并报告有关人员。有关人员到现场后，发现郝某面朝下趴在 3 号皮带机尾轮下，头部伤势严重，立即将其送往医院，经抢救无效死亡。

经现场勘察，皮带向南跑偏 0.15 米，尾轮北部无沾煤，南部有大约 0.1 米厚的沾煤，铁锹在机尾北侧断为 3 截，人头朝东略偏南，脚朝西略偏北，趴在皮带机尾轮下方，距头部约 2 米处有血迹，手套、帽子掉落在皮带下。

从现场勘察情况推断，郝某是在清理皮带机尾上沾煤时，铁锹被运行中的皮带卷住，又被皮带甩出，碰到机尾附近硬物折断，郝某本人未迅速将铁锹脱手，被惯性推向前，头部撞击硬物后死亡。

2．事故原因分析

（1）操作工郝某在未停车的情况下处理机尾轮沾煤，违反了该厂“运行中的机器设备不许擦拭、检修或进行故障处理”的规定，是导致本起事故的直接原因。

（2）皮带机没有紧急停车装置，在机尾没有防护栏杆，是造成这起事故的重要原因。

（3）该厂安全管理不到位，对职工安全教育不够，安全防护设施不完善，是造成这起事故的原因之一。

3．事故预防

（1）运行中的机器设备不许擦拭、检修或进行故障处理。

（2）装配紧急停车装置。

（3）危险岗位避免单独操作。

（4）加强安全教育和操作规程培训。

（二）安全操作规程共同守则

（1）遵守劳动纪律、认真学习和遵守安全法律、法规、规章、制度及各项安全操作规程，并监督执行。

（2）积极参加技术革新和生产活动，提出合理化建议，不断改善劳动条件和作业环境。

（3）及时反映、处理危险情况，积极参与事故抢救工作。

（4）严禁违章作业、违章指挥，工作人员有权制止任何人违章作业，有权拒绝接受任何人违章指挥。

（5）上岗前必须正确穿戴劳动防护用品，携带必备的工、器具，严禁酒后上岗，不准私自带他人、孩童入井或进入车间厂房和施工场地。

（6）自觉遵守要害部位、重要设备和设施及危险区域的安全管理制度（规定），服从安全生产指令，无证不得进行特种作业。

（7）所有人员必须做到“四注意”“十禁止”。

①“四注意”：

◎ 注意上下、前后、左右方向的声光信号、安全标志及有无异常情况。

◎ 注意来往车辆、起吊重物。

◎ 注意运行中的机械设备、供电设施、输电线路。

◎ 注意坑、洞、沟的防护栏杆、盖板和梯子横档踏板、台阶踏步。

②“十禁止”：

◎ 禁止翻越或攀登设备、栏杆、皮带、防护罩（网）。

◎ 禁止随意抛掷物件和火种。

◎ 禁止在车间厂房、施工场地内嬉笑、追逐、打闹。

◎ 禁止使用非本人操作的机械设备以及任意扳动开关和按钮，运行中的机器设备不许擦拭、检修或进行故障处理。

◎ 禁止在起吊物下逗留和穿越。

◎ 禁止进入爆破警戒区、陷落区、块石滚落区等其他危险区域。

◎ 禁止湿手操作电器设备。

◎ 禁止将泥、水溅到电机上。

◎ 禁止擅自代岗。

◎ 禁止在电线、电机、变压器、开关柜、开关板、鼓风机及其进风口挂放物件、烘烤或晾晒衣物。

（8）下井人员还须做到“四注意”“十不准”。

①“四注意”：

◎ 注意井下各巷道来往车辆、风水管路、输电线路。

◎ 注意上天井和采场时先发出信号与上面联系。

◎ 注意巷道顶邦松石和各类天井、溜井。

◎ 注意携带金属长料下井时，不要接触架空线。

②“十不准”：

◎ 不准进入爆破警戒区和封闭区。

◎ 不准通过正在放矿的下矿口。

◎ 不准乱动电器设备、电气设施、安全通风设施和随便拆除各种警戒信号、各种指示标志。

◎ 不准在天井、竖井的人行格上休息。

◎ 不准随地大便和倾倒杂物。

◎ 不准在井下随意高声叫喊、打闹、睡觉、敲打管子和缆线。

◎ 不准单人进行危险作业或到边远地点作业。

◎ 不准在天井和井筒中进行双层作业和向下抛掷物件。

◎ 不准在井口、井下生火。

◎ 不准私自将火工材料带出地面。

二、接手不配套　熄焦车脱节

（一）案例：熄焦车电机车与车体脱节事故

2006 年 11 月 16 日，某焦化厂熄焦车与电机车连接，接手脱节，造成熄焦车连接处三根风管活结拉断，生产秩序被打乱。

1. 事故经过和危害

2006 年 11 月 16 日早班（乙班），5:30 熄焦车出 1 号炉 10 号炭化室焦炭，熄焦车司机开车行驶至熄焦塔正常熄焦，5:35 开车准备出熄焦塔到晾焦台，熄焦车与电机车连接，接手脱节，造成熄焦车连接处三根风管活结拉断，影响 1 号炉 15 号晚点 2 小时 20 分、20 号晚点 30 分，2 号炉 33 号晚点 2 小时 30 分、38 号晚点 2 小时、43 号晚点 30 分，8：10 处理完，出焦正常。

2. 事故原因分析

（1）新制作的熄焦车接手与电机车接手不配套，中心线高度相差 0.3 米。

（2）熄焦车钩头没有减震器弹簧，硬碰硬造成损失。

（3）熄焦车与电机车连接钩头闭锁装置失灵，没有达到闭锁效果。

（4）操作工点检不及时，没有及时发现问题。

3. 事故预防

（1）提熄焦车与电机车连接钩头全套备件，进行更换。

（2）在熄焦车与电机车之间安装安全保护链，防止脱钩。

（3）加强岗位设备点、巡检，对存在的问题或发现的问题及时处理。

（二）熄焦车安全规程与设备维护制度

1. 操作规程

（1）启动，将手动切断器合上，开始给电；开通空气压缩机的电源进行打风，将制动器搬至零位，用风闸使车停止，将手动切断器拉开。

（2）接焦操作：

◎ 接焦前熄焦车应停在出焦的炉号，并使车厢一端与导焦槽错位 1 ～ 1.5 米对位时，应来回走动一次。

◎ 接焦前熄焦车门应关闭，压缩空气保持 5 ～ 6 千克 / 平方厘米。

◎ 听到推焦信号和拦焦车准备接焦信号时，熄焦车应作好一切准备，当确知导焦槽对好后，才能发出推焦信号。

◎ 熄焦车接焦时，行车速度与推焦速度相适应，使焦炭均匀地分布在车厢内，不得使红焦落地。

◎ 接完焦后，应尽快开往熄焦塔进行熄焦，到熄焦塔前应减速行车。

（3）熄焦操作：

◎ 熄焦时应使水喷洒均匀，并几次动车。

◎ 熄焦后应停车滤水 2 分钟，然后开往焦台。

（4）卸焦操作：

◎ 按一定顺序将焦放到焦台上。

◎ 车厢内焦炭卸尽后，及时关闭车门并检查是否关严。

（5）特殊操作：

◎ 放焦闸自动打开，红焦落地应将车离开火堆，用消防车喷水熄焦，熄焦时应将熄焦车滑线停电。

◎ 接焦时，熄焦车停电或不能行走时应用对讲机通知停止推焦。如熄焦车处于焦台附近，将红焦放到焦台上，用水管熄焦，当熄焦车处于焦台以外时，接消防水袋喷水熄焦。

◎ 熄焦水泵发生故障不上水时，立即换备用泵，遇停电或备用泵不转时，用清水熄焦。

2. 设备维护制度

（1）接班时、班中、交班时必须检查熄焦车及应管设备，保持灵活好用。

（2）实行操修结合，经常检查各部螺丝是否移动。

（3）每班清扫一次设备，保持清洁卫生。

（4）行车时严禁打倒挡。

（5）熄焦车轨道、摩电道（停电源）每班检查一次。

三、违章擅开车 烧坏驾驶室

（一）案例：熄焦车落红焦烧坏驾驶室事故

山东某焦化厂，发生一起熄焦车落红焦烧坏驾驶室事故，造成大量正在推出的红焦落在熄焦车驾驶室周围，红焦燃烧致使驾驶室及大部分电器烧坏，造成严重损失。

1．事故经过和危害

事故是由驾驶司机严重违章引起的。熄焦车司机杨某在未接到推焦车司机发出“推焦完毕”口令的情况下，自认为推焦完毕，违章启动熄焦车去熄焦塔熄焦，造成大量正在推出的红焦落在熄焦车驾驶室周围，红焦燃烧致使驾驶室及大部分电器烧坏，造成严重损失。

2．事故原因分析

（1）直接原因是熄焦车司机严重违章操作，在没有接到推焦车司机发出“推焦完毕”口令的情况下，自认为推焦完毕，违章将熄焦车开向熄焦塔。

（2）间接原因是负责监护的熄焦车副司机工作不到位。

（3）主要原因包括以下几点：

◎ 车间管理人员巡查不及时，对员工的安全操作意识教育、培训工作不到位，造成员工安全意识不强。

◎ 公司生产系统各级管理人员安全管理意识不强，管理力度不够，对生产管理中的安全隐患没有预见性。

（4）次要原因是大车未配备定位联锁保护装置，不能有效起到意外情况下的联锁保护。

3．事故预防

（1）严格遵守安全生产规章制度，增强安全生产意识，配合有关部门做好安全管理工作。

（2）明确岗位职责及单位制定的适合自身岗位的各种条例措施，配合管理人员的巡检。

（3）积极参与车间组织的反事故、保安全活动，牢固树立自身安全生产意识，提高和强化操作技术水平与纪律性。

（二）熄焦车司机岗位安全技术操作规程

1. 岗位操作

（1）接焦前，按出炉计划对准炉号，熄焦车的尾端对好拦焦车导焦栅，错位 1.5 米。同时检查风压是否正常。

（2）看到拦焦车信号灯亮起接到拦焦车司机的联络信号，鸣长笛三声，准备接焦，鸣笛后熄焦车不准移动，司机不准离开驾驶室。

（3）接焦时，熄焦车缓慢行走，使全部焦炭均匀接入车内，接焦后迅速将车开到熄焦塔，在距熄焦塔 20 米时，应减速进入熄焦塔。

（4）熄焦完毕后，开出车进行控水，然后开车到焦台放焦。

（5）按顺序往焦台放焦，放完后关紧车门，准备接下一炉焦同时检查车门是否关严。

（6）禁止发出推焦信号、开动熄焦车或打盹儿、与别人交谈。

（7）熄焦泵自动停电后，将车拉出，不准随意停电将车提前拉出。

（8）每次行车和进塔时要发出信号。

（9）严禁红焦、黑焦落入塔内。

（10）水不足时，司机打开补充水阀门，但沉淀池水位不准过高，以免池水倒流。

（11）正常情况下，要经常检查池水，应及时与炉顶除尘车取得联系。

2. 事故处理

（1）熄焦车风压不足，车门关不严造成红焦落地时，应将车开离火区，拉掉电源，组织人力消火，清除熄焦道上的焦炭。

（2）接焦过程中途发生故障，应连续发出事故信号，通知哨长停止推焦，将红焦卸入焦台，用水熄焦。

（3）如果没有对好就推焦，应发出事故信号，制止推焦司机推焦。

四、违反备煤规程　胳膊带入卷筒

（一）案例：备煤车间皮带机滚筒卷伤事故

2001 年 5 月 2 日，某工厂备煤车间操作工在运焦皮带运焦时违章操作，造成右胳膊受伤。

1．事故经过和危害

2001 年 5 月 2 日凌晨 6 时 30 分，操作工孔某在运焦皮带运焦时，发现焦三机头底部焦末过多，影响滚筒转动，其在处理焦末时，铁锹被皮带挂住，夹入小滚筒。由于皮带在运转之中，致使操作工孔某身体失去重心，趴在皮带上，导致右胳膊被带入滚筒，造成右胳膊受伤。

2．事故原因分析

从伤者孔某的描述和对现场的分析演示中，可以判断这是一起违反操作规程造成的事故。虽然没有造成较大的影响和损失，但是，此次事故暴露出了安全隐患。机械设备的安全防护不完善，职工安全意识淡薄，违反操作规程现象严重，职工在操作过程中怕麻烦，抱有侥幸心理，在机械设备运转的状态下进行维护清扫卫生，才导致了事故的发生。

3．事故预防

（1）严格执行各项安全规章制度和操作规程，杜绝违章操作。

（2）工作前明确危险源和危险品等可能造成的意外伤害情况。

（3）积极参加单位组织的安全生产培训，加强个人劳动保护意识和措施。

（4）加强防范事故应急预案的演练，提高安全防护意识。

（二）备煤车间安全操作规程

1．劳动保护用品穿戴标准

（1）上岗前应按要求穿好劳动保护用品，扣齐纽扣、扎好袖口，服装整齐、清洁，女工应把长发盘在帽内。

（2）安全帽要戴端正，系好带。

（3）穿好防护服并系好带。

（4）带安全带时扣要系好。

（5）保护用品穿戴不齐全者，不得上岗，上岗前班长查、专职安全员查、互保对子相互查、班中各级领导巡回查。

2．生产岗位操作人员交接班制度

（1）接班者提前10分钟到指定地点参加危险预知安全课，听取班长介绍生产情况、设备状况，布置工作任务，讲明安全注意事项。

（2）接班人员提前5～10分钟到生产岗位进行对口询问上一班生产及设备运转状况，对口询问完毕后，查看上一班生产台账和记录，而后由接班者陪同由前往后、自上而下的检查本岗位设备，安全防护装置、设施工具卫生及消防器材等情况。

（3）检查完毕后进行试车，发现问题交接班双方及检修工共同查找原因，提出解决措施，解决不了的应及时上报车间，交班者必须经接班者同意后方可离岗下班。

（4）接班完毕后，主动作好生产准备。

3．安全要点

（1）对新进人员必须进行三级安全教育、安全技术和操作培训，经考试合格后方可独立工作。

（2）设备上的安全防护装置、设施严禁私自拆除和损坏。

（3）在巡检皮带运转情况时，必须走人行道，维修工在点检设备或检修设备时必须走人行道。

（4）正常情况下，岗位设置的灭火器未经车间领导同意批准不准随意挪用，禁止用水冲洗或用湿布擦。

（5）各岗位人员上下梯子，必须手抓栏杆，防止滑倒摔伤，严禁奔跑和拥挤，遇有下雪天气时，必须认真清扫台阶余雪。

（6）操作工、维修工检修设备、更换设施、设备时必须先切断电源。

（7）严禁酒后上岗、班中饮酒、违章操作、违章指挥。

（8）设备运转时，禁止做与本职工作无关的事情，严禁睡岗、脱岗、串岗。

（9）2米以上（含2米）高处作业必须系好安全带。

（10）严禁转车清理前后滚筒的余煤，禁止转车打扫卫生，清理、清扫时必须停机进行。

五、焦炉施工违章　砸伤架下工人

（一）案例：铁件班员工被砸伤脚事故

2009年11月4日上午8时30分，某公司炼焦二车间铁件班刘某被煤气管线砸伤。

1. 事故经过和危害

2009年11月4日上午，刘某在3号炉机侧搭建临时走台。此时华仁施工队在3号炉机侧使用吊车调试煤气管道位置，把煤气管道往炉门外侧拉，管道一端被提起，另外一端从支架上滑落，砸伤刘某。

据调查，此次事故是由刘某踩踏在临时固定的煤气管线上，导致煤气管线从约0.5米高的架子上滑落砸伤刘某右脚的。

据现场人员炼二车间石某、赵某叙述，当时杜某、刘某、石某均站在煤气管线中部，施工员对煤气管东侧一头使用钢绳捆绑，前后拉动调试安装位置，煤气管在调试过程中管道滑下支架，砸到刘某的右脚脚面。煤气管道在坠落时，杜某、石某及时跳开所幸没被砸到。吊装之前华仁公司未对炼二车间人员进行安全提示。石某、赵某等目击人所写事故经过与车间上报、伤者刘某描述一致。据华仁施工人员描述，在施工前以对炼二车间职工多次提醒，当时没有使用吊车，管道已经吊装完毕并用三角铁固定，管道定位是由人工使用铁棍进行调整的。刘某踩踏并跨越管线后，被滚落的管道砸到右脚脚背。

经现场查看，长度约60米的煤气管线，在使用三角铁固定后，以一个人的重量不易被轻易踩落。而且若踩踏煤气管线时，煤气管的受力方向朝向炉门，煤气管会往炉门方向滚动，不易掉下支架。若用脚将管道踢出支架，人会受反作用力向后仰倒，即使能跨过管道受伤部位应是脚后跟。因此基本认同炼二车间供述的经过属实。

以此为实，吊车司机在吊装作业时违反“起重作业十不吊”中的“斜拉工件不吊”的安全准则，属于违章操作。

2. 事故原因分析

（1）生产调试与基建施工同时进行，双方未进行必要的沟通和提示是此事故的根本原因。

（2）吊装司机斜拉工件，致使煤气管线滑落支架砸伤刘某，违章操作是此次事故的直接原因。吊装作业属于危险性作业，进公司作业前，应审查外包商车辆、操作人员的安全资质并进行安全引导，要求牢记公司施工安全管理规定。

（3）吊车司机对吊臂半径范围内的人员未进行必要的提示，对存在管道因吊装失控会砸伤人的可能没有明确意识，是事故发生的主要原因。

（4）炼焦二车间现场安装人员对“起重作业十不吊”中“捆绑、吊挂不牢或不平衡，可能引起滑动时不吊”的要求未引起警觉，发现存在安全隐患时应采取制止、汇报的方式。

3. 事故预防

（1）在从事动火、登高、吊装等危险性作业之前要自觉参加技术培训，严格按照安全操作规程进行操作，增强自身的安全防护意识。

（2）与单位有关人员加强沟通，发现不安全因素时要立即停止施工，积极上报相关部门领导，并协助整改。

（3）积极参加单位组织的安全教育和技能培训，提升自己操作的熟练程度和安全性。

（二）焦炉施工安全技术措施

（1）施工道路畅通，施工危险区域设警戒标志，如龙门架设置严禁坐人，防止高空坠落等。

（2）进入施工区域必须戴安全帽，穿劳动服，进入 2 米以上高空作业，必须系安全带并且拴在牢固可靠的地方。

（3）高空作业人员事先体检，患有高血压、心脏病等不适于高空作业的人员不得从事高空作业。

（4）禁止由高空向下扔物品，如需往下运送物料时，应使用吊框往下送。

（5）在光线不足的地方，施工应设置足够的照明，电线不能有破皮。

（6）脚手架立杆间距不得超过 2 米，横杆间距不得大于 1.2 米，底部应垫木块，马道的外侧和上下坡道的两侧应设栏杆。

（7）马道的跳板要绑牢，不得有探头板。

（8）机电设备的装置均应设保护罩，并由专人操作，开动机械前应对机械设备重点部位进行检查，如有问题应停止使用。

（9）机械运转中不得清扫或注油，检修设备时必须切断电源，所有机电设备必须接地。

（10）卷扬机和龙门架应固定牢结，钢丝绳不能与其他物体发生摩擦，龙门架吊框必须设置上升到位的保护卡。

（11）吊框的升降应有专人操作，吊框周围不能让闲人停留，龙门架吊框严禁坐人。

第八章

氯碱生产违章行为典型案例及规范操作办法

- 禁火区违章　管钳引爆炸
- 电解监督不到位　突然断电引爆炸
- 整流岗失误　防爆膜爆破
- 设备腐蚀严重　液氯发生爆炸
- 断电氢气回流　尾气系统爆炸

一、禁火区违章　管钳引爆炸

（一）案例：碱厂氯乙烯爆炸事故案例

1996年4月17日，贵州省遵义某碱厂聚氯乙烯车间发生爆炸事故，导致3人死亡，2人重伤，4人轻伤，直接经济损失79.26万元，间接经济损失69万元，损失工作日18300日。

1. 事故经过和危害

1996年4月17日，聚氯乙烯车间生产状况和工艺操作指标均处于正常。上午8时40分，精馏工段工段长闫某开始做排高沸物操作，大约20分钟后，蒸馏槽汽化完毕，打开底阀排高沸物。本工段职工赵某来到现场，第一罐排完后，约9时30分，闫某叫赵某别关底阀，准备排放第二罐。赵某去开蒸馏槽进口阀时，开不动，便叫在楼上的郑某找管钳。郑某从操作室拿了一把管钳出来，就朝正在楼下的赵某、闫某说了一句："丢啦！"赵某随即说："丢吧。"郑某将管钳朝下面丢去（高度大约10米）。当管钳落地时，听到一声响，同时氯乙烯单体从中间槽底部排污管焊接处喷出，随即越喷越大。闫和赵见此情况，立即离开现场，通知转化和压缩岗位停车，并叫精馏操作人员关过料阀和全凝器进口阀。大约9时36分，喷出的单体扩散到空气中达到一定浓度，加上高速喷出产生静电引起爆炸。

2. 事故原因分析

（1）车间不能严格地执行有关安全生产禁令，在生产禁火区内由高处向低处乱扔管钳着地弹起，间接地打在氯乙烯中间槽排污管上，使其产生局部裂缝，氯乙烯单体泄漏与空气混合，加上氯乙烯单体高速喷出和氯乙烯中间槽底部排污管短节产生摩擦静电起火，从而引起空间燃烧爆炸。

（2）氯乙烯中间槽是1995年4月制造安装的，投运是1995年8月，使用时间8个月。事故发生后，罐内和排污管短节已有腐蚀，特别是排污管处已经腐蚀得比较严重，但该厂在技术改造中对新设计安装的氯乙烯中间槽在防腐方面认识不足，对中间槽的排污没有严格的时间和周期规定。在使用过程中又没有认真巡回检查，对排污管已受腐蚀变薄未及时发现，使其抗冲击和受压能力减弱。

（3）职工安全意识淡薄，现场安全管理松弛，操作工违章乱扔管钳也没及时加以制止，造成了严重后果。

3. 事故预防

（1）配合有关部门对压力容器、设备和可能发生腐蚀的管道进行检查，在工作中发现存在的问题时及时上报管理人员。

（2）自觉参加企业组织的技能培训和安全教育，提高自身素质和操作熟练程度，增强安全意识。

（3）培养扎实的工作作风，严格遵守安全生产规章制度和安全操作规程。

（4）明确本岗位职责，以及周边存在的危险品、危险源等，熟知应急预案，积极参加公司组织的应急演练，通晓发生事故时应采取的相应措施。

（二）生产禁火区注意事项

（1）厂内所有通道和场地、生产车间、仓库、地下缸区、树脂罐区、堆场及化验室范围内一律严禁吸烟，严防携带火种进入上述禁火区。禁止带手机等不防爆电器进入的区域有溶剂型生产车间、喷板室。

（2）严禁工作人员穿带钉鞋进入生产场所，以免产生火花。

（3）生产过程中不能用铁器相互撞击，如要敲击物体，必须使用胶锤或铜棒。

（4）凡洒落在地面上的油漆或溶剂，必须立刻清理；所用过的沾有油漆、树脂或溶剂的碎布、废丝或纸团都必须放置在专用废料桶内，并要加盖。

（5）禁火区内电源线接头不能裸露，如遇有电线破损或脱落，应立即切断电源，停机，通知维修部门进行更换或处理，所有插头与插座均应采用防爆类型，不得随意使用电钻电锯或砂轮等工具。

（6）凡遇有扩建工程或重大维修工作需在生产区内进行时，一切要动火的工作（如电焊、打磨、电锯、气割等）都必须通知安全环保办，维修部负责人应填写《动火作业审批表》。

（7）禁止叉车停在车间内利用外接电池打火起动，空置蓄电池不准放置车间或仓库内以免因意外短路而打火花。

（8）进出生产场所的叉车必须装妥废气排出口的防火罩，如遇脱落应及时重装，叉车驾驶人员需经常检查。

（9）一切遇水有反应的原料和物料一律不得放置在露天场地上，放置室内也应有防水浸的措施。

二、电解监督不到位 突然断电引爆炸

（一）案例：氯气系统爆炸事故的分析

2006年4月1日20时54分许，某公司4万吨/年离子膜烧碱电解氯气系统，突然发生爆炸事故，导致生产系统全线停产，直至4月2日23时15分才部分恢复生产，事故给企业造成较大的经济损失，所幸没有人员伤亡。

1. 事故经过和危害

2006年4月1日17时25分，供电公司110千伏线路突然断电，造成该公司瞬间连锁跳闸，导致生产系统全线停产。生产调度值班人员在及时组织进行倒送电（两路供电）的同时，向市电业局调度室报告并询问了情况。在事实情况（外线路故障）得到确认后，立即对部分能够送电的电解槽组织送电开车。其中4万吨/年（A、B、C、D）电解槽的A、B槽循环，D槽封槽，C槽于19时20分送电开车，19时27分电流升至5000安，20时49分电流升至7000安，20时54分该生产系统氯气管道与设备突然发生爆炸事故，阳极液循环槽出口至氯气干燥塔的氯气总管和泡沫干燥塔与填料干燥塔被严重损坏，再次造成了全线停车，给企业造成了较大的经济损失。

2. 事故原因分析

（1）氯与氢混合气体爆炸机理。氯和氢反应生成氯化氢，氯与氢混合气体爆炸极限浓度为5.0%～87.5%。1摩尔的氯气和氢气反应生成的HCl，同时放出184.1千焦的热量，由于反应速度非常快，会瞬间形成局部高温高压而爆炸。

（2）爆炸起始点的确认。从生产工艺可知，当氯气与氢气混合气体达到爆炸极限浓度后，最有可能发生爆炸的地方是在电解槽和氯气干燥塔，因为这两处具有电能和热量。从爆炸的现场实际分析，爆炸点应在氯气干燥塔，因为氯气干燥塔及其附近管道为粉碎性损坏，而向前至阳极液循环槽后方皆为阶段性损伤。

（3）氯气内氢超标。

① A、B、C、D槽运行至后期，电槽垫片、离子膜等已老化，这次的突

然停电，对离子膜造成较大的冲击，C 槽在恢复送电开车的过程中，由于膜的泄漏，氢气窜入氯气系统。

② 氯气经过洗涤、冷却后，水分大幅度降低，混合气体体积缩小，相对提高了氢气所占比例。

③ 当时四台电解槽仅有 C 槽送电，而且电流开得低，总管气体总量少，膜泄漏就很容易使氯气内氢气超标。当氯气内氢气超标达到爆炸极限后，在氯气干燥塔遇到硫酸吸水放热发生了爆炸。供电公司 110 千伏线路 17 时 25 分突然跳闸，是本次爆炸的直接起因。

3．事故预防

（1）要加强对运行后期的电解槽的监督检查和运行数据的跟踪测量，严格工艺指标控制，特别是氯气、氢气压力及压差的控制。

（2）保持电解槽平稳运行，要尽量减少开、停车次数，每次开、停车时，都要严格按工艺及操作规程进行操作控制。

（3）操作工要熟练掌握停电、停水等突发事故的应急处理方法，做到沉着应变，并做好停车后的电槽保护。

（4）对跳电等突发事故发生后的开车前及开车后的工作要考虑周全，认真仔细检查，必要时要进行膜的泄漏试验。

（5）开车后操作工对压差波动及其他指标的变化，要做到高度的警戒与重视，异常现象要及时汇报，并积极采取必要措施进行处理。

（6）开车后分析工要对氯、氢纯度及氯气内氢含量进行及时的取样分析，分析结果及时通报操作工或值班调度，若发现异常要及时采取措施进行处理。

（7）电槽运行一定时期后，要投入资金进行更换。

（二）电解岗位操作规程

1．开车前安全操作

（1）检查铜排连接是否正确，是否有搭接现象，螺丝是否全部拧紧。如不正确，及时整改。大修和新上氢气管道要用氮气置换，以排除管道内的空气，要求含氮量不低于 99%。

（2）当班班长负责检查盐水高位槽内的盐水是否充足，精盐水泵和淡碱泵运行是否正常。

（3）检查氯气系统，保持管路畅通，无盲板和积水现象，氯气水封槽水位正常，各排支管压力相符。

（4）确保氢气放空系统放空阀门全部打开。

（5）检查显示仪表、液位报警系统及岗位电话，确保灵活好用。

（6）工段长组织各排盐水支管排污放泥。

（7）通知调度室或现场指挥，作好开车准备，等待开车。

2．正常生产安全操作

（1）随时注意精盐水高位槽内盐水水位，以保证盐水能正常供应电槽。电槽缺盐水将导致严重的安全事故。

（2）保证半小时巡检一次，随时注意氯气、氢气的压力情况。

（3）盐水温度过低，将使电解反应变慢，造成电力消耗；盐水温度过高可引起电槽内料液沸腾，引发安全事故。调节盐水预热器蒸汽阀门，保证入槽盐水温度稳定。

（4）氯气和氢气滴水表若排水不畅，会因支管内存有大量的冷凝水而阻碍气体流通，造成压力升高，氯气、氢气混合的安全事故，所以要按时巡查滴水表排水情况。

（5）为保证及时发现生产中的潜在问题，要按时、认真、准确、真实地填写原始记录。

3．劳动保护和劳动环境的安全规定

（1）上班要穿好绝缘鞋（靴），并严格执行单手操作，以防止触电事故发生。必要时戴防护眼镜和手套。

（2）电解厂房内严禁吸烟、动火及堆放易燃易爆品，在特殊需要动火时，必须办理动火证，并有专职安全员在场和采取有效的安全措施。现场消防器材要配备齐全，确保好用。

（3）氯气是一种有害气体，它能强烈刺激眼睛黏膜、呼吸道及肺部，因此操作岗位人员必须配备防毒面具。当遇到大量氯气外溢时，未戴防毒面具者应屏住呼吸，最好用湿毛巾捂住鼻子，迅速撤离到没有氯气的上风方向去。抢救时应到有新鲜空气处，必要时进行人工呼吸、送医院抢救，最好及时输氧气抢救。

（4）氢气是易燃易爆气体，氢气与空气混合的爆炸范围是 4.1% ～ 74.2%，氢气和氯气混合的爆炸范围是 5% ～ 87.5%。遇到氢气着火时，必须保持氢气正压，严禁降电流和停电，以免氢气系统负压，抽进空气引起爆炸。

（5）碱液具有强烈的腐蚀性，遇到碱液溅入眼中或皮肤上时，要立即用清水冲洗。

（6）厂房内的电器设备要绝缘好用，采用防爆电器。设备起火时，要用干粉或二氧化碳灭火器灭火，严禁用水扑救。

（7）严格按照作业指导书操作，严禁电槽盐水掉液面，以预防烧毁电槽和爆炸事故的发生。

（8）万一发生触电事故，必须立即切断电源，使受害者脱离电流的作用；如果不能断电，救护人员应先做好绝缘准备工作，再使触电者摆脱导电部件，禁止未绝缘的手与受害者接触。触电者脱离电源后，应立即进行急救，使受害者躺下，保持安静、温暖并进行人工呼吸，并立即送医院抢救。

（9）转动设备检修时，必须办理停电申请并挂牌警示。

（10）严格执行等电位操作。严禁一手接触电槽，一手触及接地物体，以防触电事故的发生。

三、整流岗失误　防爆膜爆破

（一）案例：氯碱厂盐酸防爆膜爆破事故

2005 年 12 月 4 日 5 时 30 分左右，某氯碱厂盐酸工段氢气阻火器、水封防爆膜发生爆破事故，所幸未造成人员伤亡。

1．事故经过和危害

该氯碱厂在 2004 年春季烧碱产量进行 3 次扩产后，氢气冷却系统由于水源的关系，使得夏季进入罗茨鼓风机的氢气高达 40℃（工艺要求 30℃以下），增加了罗茨鼓风机的输送负荷，影响了设备的使用寿命。为解决氢气温度夏季超标的问题，2005 年春季该氯碱厂在电解工段新增加了一台 100 平方米的列管冷却器，并加大了氢气的冷却水量，从而使氢气温度超标的问题得到解决。该氯碱厂的其他系统基本没有变动，与 2004 年春季扩产后的设施和流程基本一样。

2005 年 12 月 4 日 5 时 30 分左右，盐酸工段氢气压力突然下降直至负压，氯气压力上升至 3 千帕，当班操作工主操作立即采取措施，调氢气管路阀门，副操作立即跑到室外准备调整氯气管路阀门。在未来得及调节氯气阀门的情况下，氯气管道水封处的防爆膜发生爆炸，氢气阻火器直至水封上部的防爆片全部被击碎。经事后检查发现，合成炉防爆膜向内凹陷，氢气、氯气压力计完好。

当日 19 时 30 分左右，盐酸工段氢气压力有突然降低的现象，直至平压。当班操作工立即采取开大阀门的措施紧急处理，但处理未果，阻火器防爆膜随即发生爆破。爆破前，二燥工段氢气风机出现异常声音，水洗塔出现急剧负压，与此同时，电解氢气总管出现正压。事后检查发现，盐酸合成防爆膜向内凹陷，其他设备正常。

2．事故原因分析

（1）回火现象是防爆膜爆破事故的直接原因。从爆破事故的现场来看，盐酸合成炉防爆膜向内凹陷，说明爆炸地点位于合成炉之前的工序，可以确认发生回火现象是本次防爆膜爆破事故的直接原因。

（2）盐酸工段氢气压力突然失压的原因。干燥工段罗茨鼓风机出现异常声音，氢气入口总管持续正压，操作工人一直未调节回流，在干燥工段工人进行放空的同时，盐酸阻火器、水封防爆膜发生了爆破。

（3）事故发生前，天气出现大幅度降温，造成氢气经过电解工段的氢气冷却器冷却后，进入干燥系统时温度已经降得很低，氢气系统有结冰的现象，造成系统的不畅通而引发事故。

综上所述，该氯碱厂连续发生盐酸防爆膜爆破事故的原因是2005年夏季，在电解工段增加了一台列管氢气冷却器，加大了冷却量，虽然解决了夏季干燥工段罗茨鼓风机的负荷问题，但对冬季气温降低可能影响系统正常运行的后果认识不足，未采取防范措施，因而造成了本次事故。

3．事故预防

（1）加强对电解工段的氢气冷却系统的温度监控，发现有异常情况时及时上报主管领导。

（2）积极参加企业组织的技能培训和安全教育，提升自身的操作熟练程度和安全意识。

（3）熟知企业的应急预案以及在发生某些事故时应采取的相应措施，以保证人身财产安全。

（二）整流岗位操作规程

1．运行

（1）运行时要求值班人员认真巡回检查，做好原始记录。

◎ 工段人员在巡视时应按巡视的重点内容及线路进行。在巡视中做到“四细”，即细看、细闻、细听、细摸，将每次巡视的结果记录在记录纸上。

◎ 当设备负荷增加，初次投运应增强巡检，注意观察设备有无不良运行情况，雾、雪、雷雨天气应注意高压瓷瓶有无打火现象。

◎ 巡视人员必须按电力安全操作规程的要求进行，雷雨天气巡视高压设备时，应穿绝缘鞋并不得靠近避雷区。

◎ 巡视变压器时应注意变压器的运行声音、油位、油温、瓷套管的完整清洁，油箱有无渗油现象。

◎ 注意整流设备中冷却水系统的水温、水位、水压、晶闸管及快熔的发热情况。

◎ 交接班时，本班人员应将设备的运行情况、指标等认真交给下一班。

（2）岗位操作。

◎ 直流大电流刀开关，严禁带负荷操作。

◎ 变压器电源侧事故跳闸后，未查明原因，严禁合闸。

◎ 检修完毕未经检查试验，不准盲目送电。

◎ 挂接地线时，应先将接地端接好，再在停电设备拟接地线的地方用验电笔验电，确认停电后，立即用接地线对停电设备放电，之后再接地线。

◎ 检修整流变压器，整流柜须将高压侧断电，再将直流刀开关断开，以防触电。

◎ 纯水冷却装置内循环水水压不得超过 0.15 兆帕，但不得低于 0.05 兆帕。

（3）停车、开车。

◎ 开车前全面检查所有设备是否正常，然后合上控制台操作电源，开启水泵，调整压力，再合上控制柜电源、直流刀开关，检查无误后，电话通知主控送主回路电源，然后根据值班长的命令将电流加至规定值。

◎ 停车时，首先通知有关岗位，然后调节给定调节电位器将电流降为零，再电话通知主控断开主回路电源，最后断开控制回路、内外循环水等。

2. 事故及处理措施

（1）纯水严重泄漏时，应立即停车，查明故障点。检修完毕，加上纯水后，方可开车。

（2）主变重瓦斯动作，说明变压器内部绝缘老化，接触不良，有打火现象，应立即停车吊芯检查。

（3）操作人员在工作过程中有可能发生触电事故，此时应迅速切断电源。如果触电者伤害较严重，可以使其平躺，采用人工呼吸或体外心脏挤压法施救，并及时送医院抢救。

（4）雷电可以产生高电压，击穿电器绝缘，可装设避雷器或保护间隙，以免高电压侵入高压线路损坏变压器，造成人身伤亡。

（5）电器火灾：在设备运行中，电流产生的热量和火花或电弧是引起火灾的主要原因，应选用适当的绝缘工具迅速切断电源。

充油设备着火时，应选用一氧化碳、干粉灭火器灭火，保持一定的安全距离，并注意风向。

二次保护线路着火时，应用不导电的灭火器灭火，并站在上风处，必要时切断电源。

四、设备腐蚀严重　液氯发生爆炸

（一）案例：氯气泄漏爆炸事故

2004年4月16日，重庆某化工总厂有关人员在处置氯气泄漏事故时，液氯贮气罐突然发生爆炸，导致该厂9人死亡。

1. 事故经过和危害

2004年4月15日18时20分，氯气干燥岗位发现氯气泵压力偏高，4号液氯贮罐液面管在化霜。当班操作工转5号液氯贮罐（停4号贮罐）进行液化，其液面管不结霜。21时，当班人员发现氯冷凝器穿孔，厂总调度室迅速采取1号氯冷凝器从系统中断开、冷冻紧急停车等措施，并将1号氯冷凝器壳程内氯化钙（$CaCl_2$）盐水通过盐水泵进口倒流排入盐水箱，将1号氯冷凝器余氯和1号氯液气分离器内液氯排入排污罐。23时30分，该厂采取措施，开启液氯包装尾气泵抽取排污罐内的氯气到次氯酸钠和漂白液装置，在抽气过程中，排污罐发生爆炸。16日1时33分，全厂停车。2时15分左右，排完盐水后4小时的1号盐水泵在静止状态下发生爆炸，泵体粉碎性炸坏。

险情发生后，该厂及时将氯冷凝器穿孔、氯气泄漏事故报告了化医集团，并向市安监局和市政府值班室作了报告。为了消除继续爆炸和大量氯气泄漏的危险，该厂实施了包括排危抢险、疏散群众在内的应急处置预案。同时开启三氯化铁、漂白液、次氯酸钠3个耗氯生产装置，在较短时间内减少危险源中的氯气总量；然后用四氯化碳溶解罐内残存的三氯化氮（NCl_3）；最后用氮气将溶解NCl_3的四氯化碳废液压出，以消除爆炸危险。10时左右，该厂开启耗氯生产装置。

16日17时57分，液氯贮罐发生猛烈爆炸，爆炸使5号、6号液氯贮罐罐体破裂解体并形成一个长9米、宽4米、深2米的炸坑。以炸坑为中心，约200米半径的地面结构、建筑物上有大量散落的爆炸碎片。爆炸事故致9名现场工作人员死亡，3人受伤。

2．事故原因分析

该厂液氯生产过程中因氯冷凝器腐蚀穿孔，导致大量含有铵的 $CaCl_2$ 盐水直接进入液氯系统，生成了极具危险性的 NCl_3 爆炸物。NCl_3 富集达到爆炸浓度和启动事故氯处理装置振动引起爆炸。

（1）直接原因。

① 设备腐蚀穿孔导致盐水泄漏，是造成 NCl_3 形成和聚集的重要原因。腐蚀穿孔的原因主要有 5 个方面：一是氯气、液氯、氯化钙冷却盐水对氯冷凝器存在普遍的腐蚀作用；二是列管内氯气中的水分对碳钢的腐蚀；三是列管外盐水中由于离子电位差对管材发生电化学腐蚀和点腐蚀；四是列管与管板焊接处的应力腐蚀；五是冷凝器使用时间已长达 8 年并未进行耐压试验，使腐蚀现象未能在明显腐蚀和腐蚀穿孔前被及时发现。

另外，1992 年和 2004 年 1 月，该液氯冷冻岗位的氨蒸发系统曾发生泄漏，造成大量的氨进入盐水，生成了含高浓度铵的 $CaCl_2$ 盐水。由于氯冷凝器列管腐蚀穿孔，导致这些盐水进入液氯系统，生成 NCl_3 爆炸物。导致 16 日凌晨排污罐和盐水泵相继发生爆炸以及下午抢险过程中的爆炸事故的内在原因。

② NCl_3 富集达到爆炸浓度和启动事故氯处理装置造成振动，是引起 NCl_3 爆炸的直接原因。该厂为加快氯气处理的速度，凭借以前的操作处理经验，自行启动了事故氯处理装置，对液氯贮罐及汽化器进行抽吸处理，致使发生了爆炸。

（2）间接原因。

① 压力容器日常管理差。检测检验不规范，设备更新投入不足。该厂没有按照规定对压力容器进行首检和耐压实验，致使设备腐蚀现象未能在明显腐蚀和腐蚀穿孔前及时发现，留下了重大事故隐患。另外，该厂设备陈旧老化现象十分普遍，压力容器等安全设备腐蚀严重，设备更新投入不足。

② 安全生产责任制落实不到位，安全生产管理力量薄弱。该厂未按规定将目标责任分解到厂属各单位和签订安全目标责任书，没有将安全责任落实到基层和工作岗位，安全管理责任不到位。安全管理人员配备不合理，安全生产管理力量不足，安全生产管理人员不熟悉化工行业的安全管理工作。

③ 事故隐患督促检查不力。重庆某化工总厂对自身存在的事故隐患整改不力，虽然采取了一些措施，但是没有认真从管理上查找事故的原因和总结教训，没有让有关责任人员从中吸取事故的深刻教训，整改的措施不到位，督促检查力度不够，以至于安全方面存在的问题没有得到有效整改。

④ 对 NCl_3 爆炸的机理和条件研究不成熟，相关安全技术规定不完善。对 NCl_3 的处理方面，确实存在很大程度的复杂性、不确定性和不可预见性。全国氯碱行业尚无对 $CaCl_2$ 盐水中铵含量定期分析的规定，该厂 $CaCl_2$ 盐水 10 余年未更换和检测，造成盐水中的铵不断富集，为爆炸的发生埋下了重大隐患。

3．事故预防

（1）配合有关部门加强对含铵量的监控，时刻关注自动报警，发生意外情况时，按照安全生产规章制度和安全操作规程进行处理，或及时通报有关负责人员。

（2）积极参加单位组织的安全教育和技术培训，增强自身安全意识，熟知应急预案，以及在发生意外事故时应采取的相应措施。

（3）加强设备管理，加快设备更新步伐，尤其要加强压力容器与压力管道的监测和管理，杜绝泄漏事故的发生。对在用的关键压力容器，应增加检查、监测频率，减少设备缺陷所造成的安全隐患。

（4）进一步研究国内有关氯碱企业关于 NCl_3 的防治技术，减少原料盐和水源中铵形成 NCl_3 后在液氯生产过程中富集的风险。

（5）尽量采用新型制冷剂取代液氨的液氯生产传统工艺，提高液氯生产的本质安全水平。

（6）从技术上进行探索，尽快形成一个安全、成熟、可靠的预防和处理 NCl_3 的应急预案，并在氯碱行业推广。

（7）加强对 NCl_3 的深入研究，完全弄清其物化性质和爆炸机理，使整个氯碱行业对 NCl_3 有更充分的认识。

（8）加快城市主城区化工生产企业，特别是重大危险源和污染源企业的搬迁步伐，减少化工安全事故对社会的危害及其负面影响。

（二）液氯安全操作规程

（1）使用中的氯瓶档案应完整，并在有效的使用期内。

（2）氯瓶接收前必须认真检查验收，原则上由车间主任或保管员检查验收，并按公司规定办理领用手续。氯瓶外表应符合规定（如外表颜色为草绿色，标有液氯字样的颜色为白色等）、安全附件完好，否则不予验收。

（3）本厂所使用的氯瓶只能存放在加氯操作间内，实行交接班管理。加氯操作间内，严禁热源明火，防止潮湿，禁止堆放其他杂物，保持通风系统和报警系统运行状态良好。人员进入加氯操作间前应用机械强制通风15分钟。

（4）使用液氯时，必须将氯瓶放在台秤上计量，应定期检查磅秤计量是否准确，并做好用量记录。

（5）氯瓶使用存放点应备有相应的专用工具和材料（如专用启闭扳手、活动扳手、钢丝钳、铁丝、防毒面具、防护手套、靴子、专用服装，10%氨水、直径6厘米以下竹签、木塞、铅塞、瓶阀盖等），以备急时之需。

（6）氯瓶使用时，应先检查其放置位置是否正确，再试开氯总阀，开启氯瓶时应有监护人员，当发现氯瓶总阀打不开时，应报告厂长或安全管理人员，并请专业人员或送回原充装化工厂处理，严禁硬扳等不规范行为。

（7）使用时，加氯管应保持畅通，操作人员应定期检查设备管道是否漏氯（可用10%氨水），发现问题要及时上报并处理。

（8）加氯量的大小在加氯机控制阀上调节，更换氯瓶时应先关闭氯瓶总阀，等输气主管氯气抽完后，再换瓶。空瓶与实瓶应分开存放、标示。

（9）加氯操作人员应持证上岗。原则上夜间不更换氯瓶，确需更换时实行双人操作。氯瓶及加氯系统，当班作业人员应每天检查，班长每周至少检查一次，安全管理员每月至少检查一次，负责生产的厂领导每季至少检查一次，并做好检查记录。

（10）为防止其他物质进入氯瓶，氯瓶不能完全用尽，应留有余氯。充装量为500千克的氯瓶至少应保留5千克余氯。如有异常（如瓶阀损坏关闭不严，过期瓶、易熔塞有损等），必须用尽。

（11）涉氯工作人员要认真负责，正确穿戴好劳防用品，严守工作岗位，做好原始记录（液氯安全使用用量记录表）和交班记录，在当班时要严格做到勤检查、勤维护，以保证及时发现异常情况。

（12）氯瓶使用存放点应挂有明显的警示标志，严禁非工作人员入内，参观人员必须由专人带领。

（13）使用液氯的作业区要定期组织漏氯处理预案演练，确保液氯使用安全。

五、断电氢气回流　尾气系统爆炸

（一）案例：化工厂盐酸工段氯化氢尾气回收系统爆炸事故

2001年6月13日，某化工厂盐酸工段氯化氢尾气系统突然发生爆炸，爆炸声巨响，爆炸造成尾气系统的管道、设备损坏，稀酸罐炸裂，所幸无火灾及人员伤亡。

1．事故经过和危害

2001年6月13日0时，某化工厂盐酸工段丁班操作人员，按正常程序交接班后，生产系统正常。当时生产状况是氢气总管压力12千帕，氢气合成炉压力200帕，火焰燃烧良好，尾气吸收达标，符合工艺操作要求。2时50分全厂突然停电，主操作员发现合成炉内火焰突然熄灭，借应急灯光亮，发现氢气总管压力急剧下降，便立即采取紧急停车处理。主操作员负责关氢气调节阀，副操作员负责关闭氢气总管阀门，当即将关闭氢气调节阀时，这时照明灯闪了一下，电又恢复（为瞬间停电），发现氢气总管压力在降至0值时又升到8千帕。在关闭完氢气阀门后，主操作又关闭氯气阀门，在关闭过程中，听到一声很清脆的响声，接着便是一声沉闷的剧烈爆炸声，主、副操作员急忙往外巡查，发现稀酸罐被炸裂，罐顶被炸开，与其相连的管道被炸碎。

盐酸尾气回收系统，在四楼操作室北侧，直径为300毫米的排放管伸至5楼顶部，主要设备有稀酸罐、稀酸泵、降膜吸收器、相连接管道等。稀酸罐为玻璃钢罐，废气排放管为硬质PVC管，稀酸泵为耐腐蚀泵，相连接管道为有机玻璃钢管、ABS管、酚醛塑料管、PVC管等。爆炸后，所有非金属管道、阀门全部被炸碎，稀酸罐被炸裂，合成炉、降膜吸收器的石墨防爆膜片被炸成粉末状。从粉碎的管道及有关设备看，无着火迹象，据现场操作工反映，爆炸产生剧烈响声。事故发生后，操作人员立即通知厂部有关人员，盐酸工段停车，检查其他设备损坏情况，查找事故原因。

2．事故原因分析

（1）该厂电解产生的氢气除自用外，其余部分送邻近氮肥公司使用（近期才开始输送），管线较长，氢气输送由氢干燥工序负责，风机输送。当全厂突然停电时，所有机泵全部停止运转，管道内大量氢气倒流，干燥工序操作人员又未及时关闭氢气输送阀门，造成大量氢气经氢气管道倒流至盐酸生产系统内（突然停电后盐酸氢气压力降至 0 值后又反弹升至表压显示 8 千帕），倒流的氢气通过盐酸工段氢管道压至合成炉内，与炉内的气体混合，此时合成炉内压力由微正压迅速达到正压状况。当大量过量的氢气与炉内氯化氢气体、氯气、废气混合后，经尾气管道聚积到尾气吸收塔和稀酸罐内，又与罐内气体混合，此时罐内、管道、合成炉内混合气体达到爆炸极限。这时罐内气相空间相对狭小，聚积气体在压力作用下首先造成合成炉及尾气吸收塔防爆膜爆裂（第一次响声），同时，爆膜产生的冲击压力又推动管道气体压向稀酸罐，稀酸罐内混合气体在压力作用下，迅速沿着直径 300 毫米的硬质 PVC 管向上排泄。

在排泄过程中，混合气体与硬质 PVC 管壁产生摩擦，形成静电火花，引起二次爆炸，造成放空管道及相连的接管道被炸碎，稀酸罐体被炸裂，罐体封头被炸开。

（2）突然停电时，操作工思想准备不足，有犹豫慌乱现象，在紧急停车过程中，关闭氢气、氯气阀门不及时、不迅速、不彻底，这也是造成事故的原因之一。

3．事故预防

（1）协助检测监督在盐酸各类管道处是否增设了消除静电设施，如果发现有欠缺的地方，应及时上报主管部门领导。

（2）要充分了解在发生意外情况时需要采取的应急措施，如在发生停电、风机跳闸或风机机械故障时，干燥操作人员要迅速关闭氢气分配台出口阀。

（3）协助有关部门修复更换损坏的设备、管道及防爆膜，以达到开车状态，同时监督防爆膜处是否设有防护网。

（4）认真学习《氯碱生产安全操作与事故》一书中介绍的盐酸生产中出现的各类事故，掌握事故处理方法，吸取事故经验教训。

（5）在开车前组织，操作人员要积极参加单位组织的模拟实际操作，反复实践在紧急状态下如何进行紧急停车处理，以及在复杂情况下如何确保生产装置、设备安全运行。

（二）停车操作与尾气吸收岗位操作规程

1．停车操作

（1）正常停车。

◎ 停炉前应与调度及氯氢处理工段联系并准备好工具，倒好吸收系统阀门，并开启冷却水、C-701。

◎ 接到调度停车通知后，逐渐关闭向 VCM 供气的阀门，同时缓慢开启吸收系统的阀门，并给吸收系统供吸收水。

◎ 按比例逐渐减少进气量，先降氯气后降氢气至最小比例，并保持火焰呈青白色。

◎ 进气量最小时，迅速关闭氯气调节阀及氯气切断阀，同时关闭氢气调节阀及氢气切断阀，再观察炉内是否有火及炉压是否为零或负压。

◎ 注意调节氢气排空阀、排氯阀保持好氯氢气压力。

◎ 关闭吸收水阀。

◎ 停炉 5 分钟后，开炉前打开冲氮阀，用氮气置换系统，置换完后关闭冲氮阀。

◎ 关闭 R-701 夹套冷却水阀门，关闭蒸汽阀门。停 R-701 冷却器、吸收器冷却水。

◎ 待炉温降到 100℃以下时（约 30 分钟）打开炉门（注意：炉内正压时严禁打开炉门）。

◎ 冬季停车，注意将 R-701 夹套冷却水放净（或常流水），以防冻结。

（2）紧急停车。

紧急停车条件：符合下列条件经请示调度后可进行紧急停车。

◎ 氢气压力突然大幅度下降。

◎ 氢气纯度＜ 96%，含氧量＞ 2%。

◎ 氯气含氢量＞ 3%。

◎ 炉内冷凝酸急剧增多。

◎ 冷却水压过低，突然断水。

◎ 突然停动力电、直流电。

（3）操作工决定停车条件。

遇到下列特殊情况，又不能及时通知调度的情况下，当班操作工有权决定停车，停车后立即报告调度室。

◎ 正常运行时突然发生 R-701 防爆膜炸裂或其他恶性事故，设备部分或全部损坏时。

◎ 尾气系统起火或爆炸。

◎ 吸收塔石墨冷却孔道损坏，大量酸外溢无法排除，吸收酸浓度不够。

◎ HCl 气体游离氯严重超标，需马上停送 VCM 工序 HCl 气体，并告知 VCM 工序，改为生产盐酸。

◎ 氢气总管突然断氢，火焰临近熄灭，马上停送 HCl 气体，然后停车。

◎ 火焰跳动频繁，虽经努力，仍然原因不明，导致熄火。

◎ 氢气和氯气压力有一个降到 0 值时。

◎ 氢气纯度低于 96%，非本工段原因造成炉内火焰迅速变黄红紫色等，氢气管内有爆鸣声，管道或阀门表面油漆有烧焦现象时。

（4）紧急停车步骤。

◎ 紧急情况和接紧急停车通知后，先关氯气阀，然后关氢气阀。

◎ 按正常停车处理。

◎ 停车完毕，迅速告知调度停车原因及情况。在供 VCM 工序氯化氢气体时，应与 VCM 工序联系，并说明情况。

2. 尾气吸收岗位操作规程

（1）氯气是有毒、有害气体，具有强烈的腐蚀性，会刺激人体的呼吸道，有强烈的窒息性，因此要十分重视安全，防止氯气外溢。一旦发生氯气外溢，赶快戴好防毒面具或屏气去往上风向，以防吸入氯气。

（2）次氯酸钠溶液属腐蚀性的液体，一旦接触皮肤或眼睛，应立即用清水冲洗，严重者用清水冲洗后到医院诊治。

（3）开车时每半小时检查一次反应罐烧碱浓度，如快反应完时，要增加检查次数，严防过氯。

（4）随时观察氯气压力的变化情况，严禁超压。

（5）通氯气时，氯气开得不宜过猛，以免氯气外溢。

（6）四个反应罐，平时均要备好合格浓度的烧碱。

第九章

制剂生产违章行为典型案例及规范操作办法

- “滴”加变“批”加　反应釜爆炸
- 自制非法容器　导致连环爆炸
- 离心机违章　解体出事故
- 违章致冲料　电气引爆炸
- 中毒救援不利　工人连续死亡
- 硫化氢致中毒　盲目施救致死

一、“滴”加变“批”加　反应釜爆炸

（一）案例：化工厂高压反应釜爆炸

1991 年 10 月 8 日 6 时 50 分，江苏省某化工厂发生高压反应釜爆炸事故，事故造成 3 人死亡。

1. 事故经过和危害

1991 年 10 月 8 日 6 时 50 分，化工厂中试室内，一台生产高分子聚醚的 100 升高压反应釜突然发生爆炸，连接釜盖和釜体的紧团螺栓被拉断，重量约为 80 千克的釜盖飞落到离原地 80 米远的地方，高压反应釜上安装的安全阀、压力表等也被炸毁。爆炸产生的气浪将房顶掀掉，约 20 平方米的中试室完全倒塌，3 名操作人员当场被炸死。

2. 事故原因分析

经事后调查分析，该起高压反应釜的爆炸是由于超温超压引起的。

（1）以环氧乙烷和环氧丙烷为原料生产高分子聚醚的生产工艺要求，操作者严格按规程操作，在加料时皮采用“滴”加法，控制加料量，以避免反应剧烈后失控造成危害。但该厂操作人员违反了操作工艺，采用了“批”加法，一次投料过多，反应速度过快。

（2）1991 年 9 月以前，该反应釜在生产过程中曾发生过超压现象，因采取了紧急放空措施，没有发生爆炸。但该厂并没有从中吸取教训，制订严格的操作工艺，按规定调好安全阀的起跳压力，也没有按规定定好爆破片压力。

（3）该厂没有对操作人员进行必要的安全教育。10 月 8 日的高压反应釜爆炸完全是由于操作人员违章操作造成的，是一起责任事故。

3. 事故预防

（1）在加料时应采用“滴”加法，控制加料量，以避免反应剧烈后失控造成危害。

（2）自觉接受安全教育和技术培训，做到考核合格后再上岗操作，同时要熟知压力容器安全使用的基本知识，并严格按操作规程操作，不违章操作。

（3）认真学习国家有关规定，提高安全生产意识，增强安全生产责任。

（二）反应釜操作规程

（1）检查与反应釜有关的管道和阀门，在确保符合受料条件的情况下，方可投料。

（2）检查搅拌电机、减速机、机封等是否正常，减速机油位是否适当，机封冷却水是否供给正常。

（3）在确保无异常的情况下，启动搅拌，按规定量投入物料。

（4）10 立方米以上反应釜或搅拌有底轴承的反应釜严禁空运转，确保底轴承浸在液面下时，方可开启搅拌。

（5）严格执行工艺操作规程，密切注意反应釜内温度和压力，以及反应釜夹套压力，严禁超温和超压。

（6）反应过程中，应做到巡回检查，发现问题，应及时处理。

（7）若发生超温现象，立即用水降温，降温后的温度应符合工艺要求。

（8）若发生超压现象，应立即打开放空阀，紧急泄压。

（9）停车。

若停电造成停车，应停止投料；投料途中停电，应停止投料，打开放空阀，给水降温。长期停车应将釜内残液清洗干净，关闭底阀、进料阀、进汽阀、放料阀等。

二、自制非法容器　导致连环爆炸

（一）案例：饲料添加剂厂环氧乙烷计量槽爆炸

2000 年 7 月 10 日 12 时 20 分，陕西省渭南市某饲料添加剂厂内一环氧乙烷计量槽突然开裂，致使液态环氧乙烷喷出汽化，发生大爆炸。事故造成 2 人死亡，4 人重伤，11 人轻伤，直接经济损失 640 万元。

1．事故经过和危害

2000 年 7 月 7 日 16 时，该饲料添加剂厂因环氧乙烷原料短缺而全厂停车待料。7 月 9 日晚，35 吨环氧乙烷到货，运输工具为汽车槽车。7 月 10 日 11 时许，汽车槽车进入饲料添加剂厂贮罐区即开始卸料。12 时 20 分，合成车间二楼环氧乙烷 1 号计量槽突然从下封头和筒体连接环缝处撕裂 150 毫米长的焊缝，液态环氧乙烷在计量槽内 2 ～ 3 千克力 / 平方厘米压力下高速喷出后急剧汽化，使周围空间迅速达到爆炸极限。喷出的高流速物料与裂缝处的摩擦产生大量静电，加之合成车间的设备管道无静电跨接装置，随即发生了第一次爆炸并引发大火。

第一次爆炸使合成车间二层部分建筑倒塌，两名操作工被埋在废墟中。12 时 30 分，大火蔓延烘烤引起了距合成车间仅 4 ～ 5 米处的 50 立方米环氧乙烷贮槽内约 9 吨物料大量吸热汽化，罐内压力急剧上升，贮罐终因超压而爆炸。

由于爆炸造成大量环氧乙烷泄漏燃烧，使距该贮槽仅 6 米的汽车槽车被引燃（因槽车当时出料阀没有关闭）。13 时 20 分，汽车槽罐发生爆炸，爆炸冲击波及热辐射造成现场的消防官兵，周围群众 30 人受伤，厂内及周围建筑物不同程度受损，爆炸飞溅物同时引起厂区内多处起火。

2．事故原因分析

（1）直接原因。

◎ 环氧乙烷 1 号计量槽，属非法自制容器，制造质量低劣，焊缝、钢板存在着严重缺陷，埋下发生事故的隐患。

◎ 生产车间属于四类易燃易爆生产作业场所。但此车间没有按规范设计、安装防静电接地装置。环氧乙烷泄漏汽化后，集聚电荷无法排除，酿成事故。

◎ 装有环氧乙烷的液化气槽车，没有及时脱离事故现场，导致事故扩大。

◎ 该饲料添加剂厂对本厂的压力容器、压力管道的安全管理，没有执行国家有关法律、法规和标准，非法设计、制造、使用，造成各个安全环节严重失控。

（2）间接原因。

◎ 该饲料添加剂厂擅自在技改项目中增添氯化胆碱合成车间，对安全生产的重要性认识不够，对环氧乙烷的危险性认识不足，安全管理机构、规章制度、操作规程不健全。对有关职能部门检查提出的问题置若罔闻，没有落实整改。整体设计布局不合理，贮罐与贮罐之间，贮罐与生产厂房之间及周围建筑物之间，安全距离均不符合有关规定，导致连锁反应。

◎ 人员培训教育不到位，特种作业人员没有经过法定部门培训考核，无证上岗作业，安全意识淡薄。厂内安全管理无专职人员，责任没有落实。

◎ 该饲料添加剂厂处于市区、居民区中，使此次事故的损失进一步扩大。

◎ 该饲料添加剂厂未进行全面竣工验收，使可能发生事故的不安全因素没有及时被发现。

3. 事故预防

（1）配合有关部门监督工厂压力容器、压力管道等设备是否进行安装验收、登记、检验、发证，发现问题随时上报主管部门。

（2）积极参加企业组织的技能培训和安全教育，提升自身的操作熟练程度和安全意识。

（3）熟知企业的应急预案，以及在发生某些事故时应采取的相应措施，以保证人身财产安全。

（二）预防反应容器火灾爆炸事故的措施

1. 维护容器的耐压强度

反应容器作为一种承压减速电机，应严格按照压力容器的设计、制造工艺进行，消除焊接等质量上的缺陷。容器在使用过程中要防止由于腐蚀等原因造成器壁变薄，耐压强度降低。因此，容器要定期进行探检、维修、进行耐压试验，确保容器的耐压强度。

2. 防止反应失控发生

按规定严格监测和控制反应容器内的温度、压力、物料组成和投料顺序等，以使反应保持正常。

3．抑制物料混合气的爆炸危险性

在爆炸极限范围之内进行的反应，空气或氧气与反应原料的混合器宜放置在反应器进口附近，确保原料气混合后立即进入反应器反应，减少可能发生爆炸的空间。

4．及时清理设备管路内结焦

要定期清除设备内的污垢、焦状物、聚合物，以保证设备传热良好，并防止其堵塞设备管道和发生自燃。清除方法可用水冲刷器壁表面和管道，用氮气或水蒸气吹扫。清理时不得使用铁质工具或金属条，清理出来的污物必须送至安全地点处理掉。

5．防止水漏入反应容器

反应容器的夹套和蛇管冷却系统的水位和水压应略低于器内的液位和液压。为了能及时发现反应容器的裂纹或孔洞，在排水管上可安装自动电导报警器，当管中漏入极少物料时，水的导电率会发生变化，利用这种变化进行检测并发出声响警报。

6．保证反应容器进出物料安全

为了防止进出物料因静电火花发生燃烧爆炸，反应容器、管道、器具应采用导体联成一体，再进行接地，接地线必须连接牢靠，有足够的机械强度，并定期检查。液体物料的输送，还应通过控制流速限制静电的产生。从反应容器中卸料时，宜采用真空泵卸料。装卸料口开启时，应尽量采用密闭措施，如果做不到，应安装移动式的排气罩进行通风。

7．配置防事故安全系统

反应容器应设防事故自动联锁系统，如设物料温度与催化剂加入量的联锁件，原材料、产品、中间产物的反应放热性和火灾爆炸危险性质，杜绝操作失误。

8．注意反应容器的安全泄放

反应容器的放空管一般应安设在顶部，室内容器安设的放空管应引出室外。放空管应有足够高度，高于附近有人操作的最高设备 2 米以上，并保证排出的可燃气体浓度在安全范围内。排放后，可能立即燃烧的可燃气体，应经冷却装置冷却后接至放空设施。放空管上应安装阻火器或其他限制火焰的设备，以防止气体在管道出口处着火，并使火焰扩散到工艺装置中去。放空管应有良好的接地，管口应处在防雷保护范围内。事故储槽应设置在安全区域，厂房里的反应容器，其内液体应放流到设在厂房外的地下或半地下专用事故贮槽或排放罐中。排放方式可采用氮气、水蒸气、二氧化碳等惰性气体压放，可以加快排放速度，又可消除在设备中发生爆炸的可能性。事故储槽要具有较大容量。

9．掌握事故处置方法

将消防知识宣传和教育作为岗位培训的一项重要内容。尤其注意对生产操作人员进行处置生产中紧急情况的培训工作，掌握事故情况下的应急措施、灭火与疏散方法。根据以往的事故教训和操作经验以及理论上的反应放热特性，提出事故的可能原因，以便于发生事故时能作出准确的判断和正确地采取处理办法。

三、离心机违章　解体出事故

（一）案例：磺酸车间离心机解体事故

1995 年 3 月 4 日下午 2 时 20 分，南京某化工有限公司化工分厂磺酸车间 1 号离心机在运行过程中解体。事故造成 3 人死亡。

1．事故经过和危害

化工分厂磺酸车间于 1992 年 10 月竣工投产，产品为对甲苯磺酸。工艺上布设离心工段，共四台离心机，离心机的作用为磺酸脱酸（硫酸）用。

1 号离心机属 SS 型三足离心机，是用于麻纺产品脱胶用，在本厂使用时间较短，购回时经认定为九成新。当时，配套电机为普通电机，转速为 960 转 / 分，后经厂方改造为初速为 0、最高速为 960 转 / 分的调速电机。该离心机于 1994 年 8 月更换了一只转毂，其他部件都不同程度地进行过修理或更换。

1995 年 3 月 3 日上午 8 时，1 号离心机调速电机控制器内保险丝烧断，经电工（经培训取证）检查发现主要是调速电机上测速器受潮，渗水引起短路所致。后将测速器拆出，由电工在电炉烘干一天。3 月 4 日上午，车间副主任指派电工去安装测试，使用万用表测量绝缘程度，指针不动，认为可装。装好后，空试电机时，发现调速电机不转，控制器失灵，随即便换上一只新控制器，经快慢反复调试正常后交给班长试机，转速额定 50 ～ 100 转 / 分。于上午 10 时左右开始投料生产，由操作工投料四次，出成品约 400 千克，未发生异常现象。在第五次投料完毕后，即 14 时 20 分左右，离心机突然解体，外套和机座、机脚向西南方向飞出，离心机内衬向东北方向飞出，将当班 2 名操作人员砸伤，并把距离离心机 4 米的吸收工同时砸伤。事故造成 3 名操作人员经抢救无效死亡。

2．事故原因分析

（1）事故的直接原因。

① 1 号离心机完好程度差，无法保证系统的安全运行：

◎ 转毂与毂底连结的不锈钢铆钉仅剩总数的六分之一，其他代用的螺栓材质差、数量少（仅剩 9 只），直径小（为 M 10 螺栓），在腐蚀条件下工作，强度也下降，所有紧固能力最多只能达到原设备设计要求的三分之一左右。

◎ 转毂上应有三道腰箍，而实际上没有，这使得转毂的抗离心力强度严重下降。转毂贺周接头的焊缝遇一定的离心力时发生崩绽，断开。

◎ 支承转鼓的三只摆杆（三足）内的缓冲弹簧因腐蚀严重不能起调节重心加强稳定的作用，使得离心力在局部增大。

② 调速电机及电气线路等原因，离心机经常处于较高的转速并有突然增速的条件：

◎ 制电机的调速器所示的转速与实际不符，离心机的增速使得离心机的离心力得到增加。

◎ 插座短路或断路打火使调速电机转速突然增速，使得离心机的离心力突然增大。

由于以上两方面的原因，导致离心机运行过程中，线路发生短路或断路打火，控制器失控，电机增速带动离心机的转速增大，离心力成倍增加。转毂由于紧固螺栓断裂以及没有腰箍开始绽缝（焊缝处），转毂外缘从圆形向凸轮和漏斗状变化，由于高速旋转的转毂和物料既产生很大的离心力，同时也产生一个向上方的分力，以致于造成转毂与毂底的分离，并击坏了离心机外罩及罩上方的限量周圆罩，因而向一侧飞出并击断了一侧的支承脚飞离了工作平台，飞出的部分虽是向一侧呈曲线状飞离，同时本身还进行着自转，因而增大了作用力和破坏力，导致 3 人被当场砸伤。

（2）事故的间接原因。

①公司设备管理职能部门软弱无力，缺乏专门的技术人员及必要的管理手段，公司对新增设备及配件没有严格的入厂检验制度与技术审批制度，对离心机的技术性能和危险性认识不足，也没有充分考虑到磺酸车间离心机的维修、改造能力。公司对离心机等设备的选型、维修、改造、保养、使用等环节没有科学的规定，公司、分厂、车间在设备管理体系方面职责不明。

②岗位操作规程不健全，操作工没有严格的岗位操作规程可循。

③安全教育不力，安全知识较差，文化低、素质差，没有接受过正规的培训和技术教育。

3．事故预防

（1）明确自身岗位职责和安全生产责任制，严格遵守安全生产规章制度和操作规程，杜绝违规操作。

（2）积极参加单位组织的安全教育和技能培训，提高自身文化素质，做到考核合格后再上岗操作，明确周围存在的危险源，增强自身安全意识和防范风险的能力。

（3）配合有关部门监督连续性生产设备检修更新制度落实情况，对存在的安全隐患及时上报主管领导，并协助整改。

（二）离心机安全操作规程

1．操作方法

（1）通电运行前，应先检查。

◎ 松开制动手柄，用手转动转鼓，看有无咬死或卡住现象。制动手柄制动是否灵活。

◎ 电动机部分各连接螺栓是否紧固，将三角带调整到适当的松紧度。检查地脚螺栓是否松动。

（2）检查以上正常，才可通电运行，方向应与指示的相同。从上向下看是顺时针。

◎ 将物料尽可能均匀放入转毂内，不得超重。

◎ 脱水结束，应先切断电源，再操纵制动手柄，缓慢制动，一般在 30 秒内。

2．维护与保养

◎ 每天检查离心机的各部位的紧固件是否松动。

◎ 离心机必须有专人负责操作，不得随意增加受料限量，操作时注意方向应正确。

◎ 不得随意增加离心机的转速，在使用 6 个月后，必须进行全面保修一次，对转毂部位清洗，并加注润滑油。

四、违章致冲料　电气引爆炸

（一）案例：龙脑酯化反应岗位冲料爆炸事故

1991 年 5 月 17 日，广东省某化工厂合成龙脑酯化车间反应岗位发生冲料爆炸。事故共造成 3 人死亡，1 人轻伤。

1．事故经过和危害

1991 年 5 月 17 日，化工厂四车间龙脑酯反应岗位早班当班班长和 3 名工人于 8 时 45 分接班后，在班长的带领下，进行投料前的机械设备检查和备料工作，随后分别进入自己的岗位，3 名工人分别操作 1 ～ 3 号反应锅。

3 个反应锅的规格型号相同，夹套及蛇管内的介质为热水、自来水或冰水，锅内介质为反应物料（松节油、草酸、醋酐等）。

按工艺配比及操作顺序，每个锅先投入分馏油（松节油）330 千克、沉淀料 45 千克（投料前先将上述两种物料混合稀释），其他物料分五次投入。上午 10 时许，2 号锅第三次投料加入松酸（脱水草酸）10 千克，随后用蒸气加热夹套水（含蛇管）。10 时 05 分，锅内物料反应温度上升到 52℃，操作者停止加热（当时夹套温度为 57℃）。10 时 20 分，锅内反应温度达到 60℃，并有加快上升的趋势。按控制指标，将反应温度控制在 50 ～ 60℃，按此规定操作者应采取冷却降温措施，但操作者没有执行。直至 10 时 20 分 45 秒，锅内物料反应温度已急速上升，上述的冷却措施已无法制止反应温度上升的趋势。此时按规定应往锅内直接加水破坏反应，但操作者没有执行。10 时 21 分 30 秒，发生冲料爆炸事故，3 人严重烧伤，1 人轻伤。其中 3 人因伤重抢救无效死亡。

2．事故原因分析

（1）发生突发冲料的原因分析。在锅内物料的反应温度持续时，2 号锅操作工一再延误采取冷却措施，使锅内物料处在较高的温度下进行反应，致使反应迅速加快，温度迅速上升，而但反应温度进一步急剧上升时，又没有执行《规程》直接向锅内物料加入冰轻油或迅速加水破坏此反应的要求，使物料反应达到猛烈的连锁反应阶段，物料的温度和压力瞬间猛烈上升，造成突发冲料。

（2）突发冲料后随之产生室内空间爆炸的原因分析。冲料时，这些未反应的松节油及已反应的生成物（如草酸龙脑酯等）大部分在冲破防爆膜后经导向管排至室外水池（为防止冲料事故扩大而专设的水池），同时还有一部分从加料孔盖（当时被冲开）及锅盖与锅筒法兰之间（冲掉垫圈）冲出，并大部分随即汽化形成雾状，瞬间充满室内空间与空气混合达到爆炸范围，遇到着火源即发生空间爆炸。另有一小部分沸点较高的物料呈液态被喷到屋顶、墙壁及地面上，随空间爆炸后继续燃烧。

（3）酯化反应岗位室内电气从选型到安装均不符合防爆要求，按要求该岗位的电气选型应达到Ⅱ区（即旧标准 Q-2 级）的标准，但现场所选用安装的电气设备、动力、照明线路、开关等均是普通型，是产生导致空间爆炸的着火源。

3．事故预防

（1）严格遵守安全生产规章制度和安全操作规程，明确本岗位职责，培养扎实的工作作风。

（2）恪守安全生产规章制度，加强自身纪律性，协助领导进行监管和控制，对出现的安全生产漏洞及时上报相关负责人员。

（3）积极参加单位组织的安全教育和技能培训，提升自己的操作熟练程度和安全性，做到考核合格再上岗操作。

（二）电气防爆安全要求

电气的爆炸是与火灾有联系的，发生火灾的同时发生爆炸。因此，防爆安全除按防火安全要求外，还要注意以下几点：

（1）防爆电气设备的选用

应当根据安装地点的危险等级、危险物质的组别和级别、电气设备的种类和使用条件选用爆炸危险环境的电气设备。所选用电气设备的组别和级别不应低于该环境中危险物质的组别和级别。当存在两种以上危险物质时，应按危险程度较高的危险物质选用。

在爆炸危险环境中，少用或不用携带式电气设备，应尽量少安装插销座。

（2）防爆电气线路的安装

在爆炸危险环境和火灾危险环境中，电气线路的安装位置、铺设方式、导线材质、连接方法等均应与区域危险等级相适应。

（3）防爆安全技术

①消除或减少爆炸性混合物。消除或减少爆炸性混合物包括采取封闭式作业，防止爆炸性混合物泄漏；清理现场积尘、防止爆炸性混合物积累；设计正压室，防止爆炸性混合物侵入有引燃源的区域；采取开式作业或通风措施，稀释爆炸性混合物；在危险空间充填惰性气体或不活泼气体，防止形成爆炸性混合物。

②隔离。危险性大的设备应分室安装，并在隔墙上采取封堵措施。电动机隔墙传动、照明灯隔玻璃窗照明等都属于隔离措施。

③消除引燃源。主要包括以下措施：

◎ 按爆炸危险环境的特征和危险物的级别、组别选用电气设备和设计电气线路。

◎ 保持电气设备和电气线路安全运行。安全运行包括电流、电压、温升和温度不超过允许范围，包括绝缘良好、连接和接触良好、整体完好无损、清洁、标志清晰等。

④接地措施。在爆炸危险环境中的接地应注意：

◎ 应将所有不带电金属物体做等电位联结。

◎ 如低压由接地系统配电，应采用 TN—S 系统，不得采用 TN—C 系统。

◎ 如低压由不接地系统配电，应采用 IT 系统，并装有接地时或严重漏电时，能自动切断电源的保护装置或能发出声、光双重信号的报警装置。

五、中毒救援不利　工人连续死亡

（一）案例：中毒窒息事故

2012年3月14日15时30分左右，辽宁省鞍山市某投资集团有限公司发生一起中毒窒息事故，造成3人死亡。

1. 事故经过和危害

该集团主要生产颜料黄等有机颜料产品，年产各类颜料1620吨。发生事故的溶剂回收处理车间204工段主要是将一车间和五车间的DMF母液汇集到该工段进行蒸馏回收DMF溶剂。该工段共有5台搪瓷溶剂蒸馏釜，编号为1～5号，共用一套真空管路系统，2、3、4号三台蒸馏釜共用一套上料管路系统，3、4号两台蒸馏釜共用一套冷却系统。共用系统管路采用并联的方式，相互间用阀门隔开。

2012年3月14日15时15分左右，溶剂回收处理车间204工段蒸馏釜的一名操作工进入3号蒸馏釜检查，15时30分左右出现中毒现象。担任监护的车间安全员和工段负责人进釜抢救，也出现中毒现象。现场其他员工发现后，将3人救出，并送往医院救治，经抢救无效后死亡。

2. 事故原因分析

（1）经初步分析，事故发生时作业人员没有将正在进行受限空间作业的3号蒸馏釜与系统隔开（未在共用管道的阀门或法兰处加盲板隔离），正在生产的2号蒸馏釜内的DMF蒸气通过共用管路持续不断漏窜至3号蒸馏釜内，使其浓度超过了在空气中最高允许浓度，导致作业人员中毒窒息死亡。

（2）企业在受限空间管理上存在着很大的漏洞，既未将进入的设备进行有效的隔离，也未对进入的设备进行含氧量及可燃、有毒气体检测，事故发生后人员安全意识薄弱、盲目施救造成事故扩大等问题。

（3）检维修环节安全管理不到位，特别是危险场所直接作业环节安全管理，未按照《化学品生产单位受限空间作业安全规范》（AQ3028-2008）要求建立并完善进入受限空间作业安全管理制度和操作规程，作业流程和审批制度模糊，作业危害识别和风险评估欠缺，作业过程监督和各项安全防范措施落实不到位。

3．事故预防

（1）受限空间作业时要随时监测空气成分。

（2）避免单独操作，入口处应有人直接观察现场，并配备防毒设备。

（3）加强救援培训，不要盲目施救。

（二）中毒现场救援技术

（1）中毒事件性质快速评估。

事件发生后，首先要根据事件发生的初步情况，对事件可能对健康带来的影响危害进行快速评估，这些评估应该包括现场毒物种类（化学物本身和其新生成物）、各种物质的量以及其可能的毒性作用和可能带来的物理（如爆炸、倒塌）伤害。

（2）按照职责分工组织救援。

调动各类救援力量，包括专家、队伍、物资和技术等。根据快速评价得出的初步信息，迅速落实具体控制方案。在政府的统一协调下，迅速调集中毒处理相关部门，根据职能，落实具体任务。

卫生系统在救援中的任务是现场对人员的紧急抢救，中毒患者的救治及事件卫生学评价。

每个参加救援的人员都要严格按照统一的部署，在规定的区域内开展工作。

（3）围绕事故现场划分危险区域。

热区（HOT ZONE，红区）是紧邻事故污染现场的地域，一般用红线将其与其外的区域分隔开来，在此区域救援人员必须装备防护装置以避免被污染或受到物理损害。

温区（WARM ZONE，黄区）围绕热区以外的区域，在此区域的人员要穿戴适当的防护装置避免二次污染的危害，一般以黄色线将其与其外的区域分隔开来，此线也称为洗消线，所有出此区域的人必须在此线上进行洗消处理。

冷区（COLD ZONE，绿区）洗消线外，患者的抢救治疗、支持指挥机构设在此区。事故处理中也要控制进入事故现场的人员，公众、新闻记者、观光者和当地居民可能试图进入现场，对他们本人和其他人带来危险。所以，首先要建立的分离线是冷线（绿线），控制进入人员。位于热区的伤亡人员一般要由消防人员抢救出，并通过特定的通道将其转移出热线（红线），交给位于温区的救护人员，救护人员要避免被污染；被污染的伤亡人员要在被洗消后转移出温区，最好能够建立洗消区，洗消区分成两种，一种处理伤亡人员，另一种处理穿戴防护服的救援人员。

（4）伤员分类救治。

在伤员运转到医疗机构前，要将伤员检伤分类（triaged），以便使伤员得到最有效的救治。

①一般将伤员分为：

◎ 需紧急处理的危重患者。即出现可能影响生命的损害或指征，如窒息，严重出血，昏迷，呼吸超过 30 次 / 分，血压低于 80/50 毫米汞柱 等（红色）。

◎ 可延期处理。即不严重的伤害或中毒，可随后处理或转运（黄色）。

◎ 无须处理。即未中毒、无伤害或轻微中毒或伤害，不需要处理和转运，有时需要观察（绿色）。

◎ 死亡 / 濒死。即无呼吸，无脉搏（黑色），双侧瞳孔散大。

②处置原则：以提高抢救成功率为主，按检伤标志分级处理。

◎ 红色——立即就地抢救。

◎ 黄色——简单处置后转送中心治疗。

◎ 绿色——需入院的转送中心，进行医学观察；其他人员视情况指定时间、地点进行医学观察。

◎ 黑色——待红色标志病人病情得到有效控制后，立即抢救。

六、硫化氢致中毒　盲目施救致死

（一）案例：硫化氢中毒事故

2008 年 9 月 13 日 8 时左右，某公司水处理剂车间二工段 7 号反应釜在检修过程中 1 人中毒，3 人盲目施救。结果造成 3 人死亡，1 人受伤。

1. 事故经过和危害

经初步调查了解，在检修前张某、王某用水对 7 号反应釜进行几次冲洗置换后，张某在未对釜中置换情况进行检测，且在未佩戴防护用品的情况下擅自进入作业，中毒晕倒。带班班长李某和王某发现后，在仍未采取任何防护条件的情况下，先后进釜施救。生产科科长魏某闻讯赶来，仅佩戴过滤式防毒口罩（非隔离式防护用品）进釜救人。3 人相继中毒。随后，施救人员正确佩戴隔离式防护用品，迅速将 4 人从釜中救出，并紧急送往医院抢救。因伤势过重，张某、李某、王某 3 人经抢救无效死亡，生产科科长魏某受伤。

2. 事故原因分析

（1）张某违反操作规程，在未对釜中置换情况进行检测，并未采取任何防护措施的情况下进入釜中检修，是造成事故发生的直接原因。

（2）作业人员对长期封闭空间可能造成的缺氧、有毒气体认识不足，缺乏基本常识，作业不规范，作业前未对现场有毒有害性气体进行检测。

（3）企业未为作业人员配备自救、防毒装备和气体检测仪，通风管理混乱。

（4）企业虽制订了应急预案，但针对性不强，不能指导救援工作，又未组织演练，安全教育培训不力，职工缺乏安全意识和基本的应急常识及自救互救能力。

（5）专业救援力量不足，缺少必要的应急救援装备，不能满足救援需要。

3. 事故预防

（1）深刻汲取事故教训，积极参与单位组织的安全生产大检查活动，配合有关部门消除存在的安全隐患。

（2）严格遵守防中毒、防窒息的安全管理制度，在生产操作过程中要佩戴相应的安全防护器材。

（3）在罐内作业要按照国家法规、规范和标准，严格执行操作规程，尤其在动火、动土、入罐、抽堵盲板、临时用电等维修作业过程中，必须严格按照国家的有关规定进行，切实做好安全防护工作，杜绝违章作业。

（4）积极参与单位组织的安全教育和培训，加强自身操作技能，了解作业场所可能存在的危害因素，掌握安全防护的对策措施。

（5）熟知应急预案，自觉参加单位组织的具有针对性的应急演练，明确介质危害，掌握操作规程，提高自救互救技能。

（6）协助有关部门监督自救器、防毒面具等个人防护装备和有毒有害气体监测监控仪器是否配备到位，如果发现存在安全隐患，要及时上报主管部门。

（二）硫化氢中毒症状及急救

1．理化性状及中毒原因

硫化氢是含硫有机物分解或金属硫化物与酸作用而产生的一种气体。无色，具有臭鸡蛋味，易挥发，燃烧时可产生蓝色火焰。硫化氢广泛存在于制糖、制药、纤维业、染坊业以及城市下水道内，施救人员在扑救这类火灾或抢险救援过程中，应特别警惕硫化氢中毒。

2．中毒症状

急性中毒时，局部刺激症状为流泪、眼部烧灼疼痛、怕光、结膜充血、剧烈的咳嗽、胸部胀闷、恶心呕吐、头晕、头痛。随着中毒加重，将出现呼吸困难、心慌、颜面青紫、高度兴奋、狂躁不安，甚至引起抽风、意识模糊，最后陷入昏迷、不省人事、全身青紫。如果暴露在 980 ～ 1260 毫克 / 立方米的浓度下只需 15 分钟，患者即会陷入昏迷，随之死亡。

3．急救

快速将患者抬离中毒现场，移至空气新鲜、通风良好处，解开衣服、裤带等，注意保暖。吸入氧气，对呼吸停止者进行人工呼吸，应用呼吸兴奋剂。必要时进行胸外心脏按压。

对躁动不安、高热昏迷者，可采用亚冬眠或冬眠疗法。眼部损伤者，尽快用清水或 2% 碳酸氢钠溶液冲洗，再用 4% 硼酸水洗眼，并滴入无菌橄榄油，用醋酸考的松滴眼，防止结膜炎的发生。

第十章

其他化工生产违章行为典型案例及规范操作办法

- 硫黄粉尘聚集　爆炸死伤惨重
- 铝粉尘集聚　发生大爆炸
- 限制性空间违章　员工一死一伤
- 违章动火　甲醇爆炸

一、硫黄粉尘聚集　爆炸死伤惨重

（一）案例：硫黄卸车作业过程中发生爆炸

2008 年 1 月 13 日，云南省某化工公司三环分公司硫黄仓库发生爆炸，造成 7 人死亡，32 人受伤。

1. 事故经过和危害

2008 年 1 月 13 日 2 时 45 分，昆明市东站工商服务公司（铁路运输装卸承包单位）的 53 名工人开始在该公司储存硫黄的仓库内从事火车硫黄卸车作业。作业过程是从火车上卸下并拆开硫黄包装袋，将硫黄分别倒入平行于铁路、与地面平齐的 34 个料斗中。硫黄通过料斗落在地坑中的输送机的传送带上，用输送机传送带将硫黄送入硫黄库。3 时 40 分，地坑硫黄粉尘突然发生爆炸，爆炸冲击波将料斗、硫黄库的轻型屋顶、皮带输送机、斗式提升机等设施毁坏，造成 7 人死亡，7 人重伤，25 人轻伤。

2. 事故原因分析

（1）天气干燥，空气湿度低，装卸过程中容易产生易燃爆的硫黄粉尘。

（2）深夜静风时段，空气流动性差，造成局部空间内（皮带运输机地坑）硫黄粉尘富集。工人在从事火车硫黄卸车作业时，没有针对硫黄粉尘采取相应的技术措施，硫黄粉尘浓度达到爆炸极限范围，在现场产生的点火能量作用下，皮带运输机地坑内的硫黄粉尘引发爆炸。

（3）搬运工人虽然知道现场硫黄粉尘浓度过高，但并没有意识到干燥空气中的硫黄粉尘非常容易发生燃爆。部分工人还不得不临时找来口罩以防护粉尘。承包装卸业务单位的工人流动性大，进行系统的安全教育有难度，工人安全意识较低，也是导致事故发生的一个重要因素。

3. 事故预防

（1）装卸过程中应使用通风设备，稀释粉尘浓度。

（2）装置专业除尘设备，降低粉尘浓度。

（3）避免明火，防止引爆。

（二）生产性粉尘的防治

1．消除或减弱粉尘发生源

在工艺和物料方面，选用不产生粉尘的工艺，选用无危害或少危害的物料，是消除或减弱粉尘危害的根本途径，即通过工艺和物料选用消除粉尘发生源。例如，用树脂砂替代铸造型砂，用湿法生产工艺代替干法生产工艺（如水磨代替干磨、水力清理、电液压清理代替机械清理、使用水雾电弧焊刨等）。

2．限制、抑制粉尘和粉尘扩散

采取密闭管道输送、密闭设备加工，或在不妨碍操作条件下，也可采取半封闭、屏蔽、隔离设施，防止粉尘外逸或将粉尘限制在局部范围内减少扩散；降低物料落差，减少扬尘；对亲水性、弱黏性物料和粉尘应尽量采取增湿、喷雾、喷蒸汽等措施，减少在运输、碾碎、筛分、混合和清理过程中粉尘扩散。

3．通风排尘

通风排尘依据作业场所及环境状况分全面机械通风和局部机械通风。通风换气是把清洁新鲜空气不断地送入工作场所，将空气中的粉尘浓度进行稀释，并将污染的空气排出室外，使作业场所的有害粉尘稀释到相应的容许浓度。在通风排气过程中，含有有害物质的气流不应通过作业人员的呼吸带。

4．增设吸尘净化设备

依据粉尘的性质、浓度、分散度和发生量，采用相适应的除尘、净化设备消除和净化空气中的粉尘，并防止二次扬尘。

5．个人防护

依据粉尘对人体的危害方式和伤害途径，进行针对性的个人防护。粉尘（或毒物）对人体的伤害途径有三种：一是吸入，通过呼吸道进入体内：二是通过人体表面皮汗腺、皮脂腺、毛囊进入体内；三是食入，通过消化道进入体内。

针对以上伤害途径，个人防护对策有：一是切断粉尘进入呼吸系统的途径。依据不同性质的粉尘，配戴不同类型的防尘口罩、呼吸器（对某些有毒粉尘还应配戴防毒面具）；二是阻隔粉尘对皮肤的接触。正确穿戴工作服（有的还需要穿连裤、连帽的工作服）、头盔（人体头部是汗腺、皮脂肪和毛囊较集中的部位）、眼镜等：三是禁止在粉尘作业现场进食、抽烟、饮水等。

6．卫生保健措施

根据《作业场所职业健康监督管理暂行规定》（总局 23 号令）第三十一条的规定：对接触职业危害的从业人员，生产经营单位应当按照国家有关规定组织上岗前、在岗期间和离岗时的职业健康检查，并将检查结果如实告知从业人员。职业健康检查费用由生产经营单位承担。

从事粉尘作业的从业人员必须进行职业健康检查：一是可建立职工的基础健康资料；二是可排除活动性肺结核、慢性肺支气管疾病、严重的心血管病等职业禁忌证。对在岗和离岗的粉尘作业职工应视情况不同，每隔 1 ～ 3 年进行一次健康检查，重点是 X 线胸片检查，以便尽早发现尘肺损伤。

二、铝粉尘集聚　发生大爆炸

（一）案例：铝粉尘爆炸事故

2014 年 8 月 2 日 7 时 37 分许，江苏省昆山市某金属制品有限公司汽车轮毂抛光车间在生产过程中发生爆炸。爆炸事故导致 68 人死亡，180 余人受伤。

1. 事故经过和危害

2014 年 8 月 2 日，某金属制品有限公司车间除尘系统较长时间未按规定清理，铝粉尘集聚。除尘系统风机开启后，打磨过程产生的高温颗粒在集尘桶上方形成粉尘云。1 号除尘器集尘桶锈蚀破损，桶内铝粉受潮，发生氧化放热反应，达到粉尘云的引燃温度，引发除尘系统及车间的系列爆炸。因没有泄爆装置，爆炸产生的高温气体和燃烧物瞬间经除尘管道从各吸尘口喷出，导致全车间所有工位操作人员直接受到爆炸冲击。车间的外墙被炸坏，部分墙体只剩下钢筋结构，车间里浓烟滚滚，四周的玻璃都被震碎，房子也受到一定程度损伤，现场人员伤亡严重。

2. 事故原因分析

（1）企业厂房没有按二类危险品场所进行设计和建设，违规双层设计建设生产车间，且建筑间距不够。

（2）生产工艺路线过紧过密，2000 平方米的车间内布置了 29 条生产线，300 多个工位。

（3）除尘设备没有按规定为每个岗位设计独立的吸尘装置，除尘能力不足。

（4）车间内所有电器设备没有按防爆要求配置。

（5）安全生产制度和措施不完善、不落实，没有按规定每班按时清理管道积尘，造成粉尘聚集超标；没有对工人进行安全培训，没有按规定配备阻燃、防静电劳保用品；违反劳动法规，超时组织作业。

3. 事故预防

（1）配合有关部门检查监督生产线的密度安排是否合理，发现安全隐患及时上报主管领导。

（2）协助技术人员安装除尘装置。

（3）在生产过程中，要按照安全生产规章制度和操作规程，合理使用防爆电器。

（4）积极参与单位组织的安全教育和培训，加强自身操作技能，了解作业场所可能存在的危害因素，掌握安全防护的对策措施。

（二）粉尘爆炸的预防

防止粉尘爆炸的防护措施或方案主要有四种：遏制、泄放、抑制、隔离。在实际应用中，并不是一种防护措施单独使用，往往采用多种防护措施组合运用，以达到更可靠、更经济的防护目的。

（1）遏制。就是在设计、制造粉体处理设备的时候，采用增加设备厚度的方法以增大设备的抗压强度。但是这种措施往往以高成本为代价，在金属材料价格日益昂贵的今天，采用这种措施不是非常经济。

（2）泄放。包括正常泄放和无焰泄放，是利用防爆板、防爆门、无焰泄放系统对所保护的设备在发生爆炸的时候采取的主动爆破、泄放爆炸压力的办法进行泄压，以达到保护粉体处理设备的安全。防爆板通常用来保护户外的粉体处理设备，如粉尘收集器、旋风收集器等，压力泄放的时候伴随有火焰以及粉体的泄放，可能对人员和附近设备产生伤害和破坏；防爆门通常用来保护处理粉体的车间建筑，以达到整个车间避免产生粉体爆炸；对于处于室内的粉体处理设备，有时对泄放要求非常严格，在不能产生火焰、物料泄放或者没有预留泄放空间的情况下，通常会采用无焰泄放系统，以达到保护人员以及周围设备的安全。

（3）抑制。抑爆系统通俗来说，相当于一个自动灭火器，但是在这里要灭的不是熊熊烈火而是发生爆炸前期的小火球。当安装在粉体设备上的传感器探测到设备内部发生火花，使得燃料燃烧，形成小火球，即将要发展成大火球产生爆炸的瞬间，会马上发出一个指令给发射筒，发射筒马上会向设备内部喷出灭火剂，把要引发爆炸的火花熄灭，从而抑制了爆炸的发生。

（4）隔离。分为机械隔离和化学隔离两种，往往和抑爆系统一起应用。

隔离就是把有爆炸危险的设备与相连的设备隔离开，从而避免爆炸的传播，产生二次爆炸。一般在设备的物料入口安装化学隔离，在设备的物料出口安装机械隔离阀。化学隔离和抑爆系统中的发射筒相同，机械隔离阀类似于常见的闸阀。

在现代工业中，我们给粉体设备做防爆措施，不能只单独考虑某一个设备，要从整体出发，要作为一个防爆系统工程来设计，所以往往需要采取多种方案组合应用。如泄放和机械隔离方案、泄放和化学隔离方案、无焰泄放和机械隔离方案、无焰泄放和化学隔离方案、抑制和机械隔离方案等，也可能需要所有方案的集合体。

三、限制性空间违章　员工一死一伤

（一）案例：氮气窒息事故

1998年3月27日，位于美国路易斯安那州Hahnville的联合碳化物公司（Union Carbide Corp）Taft/Star加工厂发生一起氮气窒息事故，导致1名联合碳化物公司工人死亡和1名承包商严重受伤。

1. 事故经过和危害

1998年3月27日，联合碳化物公司Taft/Star加工厂2名工人A和B对一根1～2米长的管道开口处的两个法兰，采用暗光法检查是否存在油脂并进行清理。他们首先对南端的法兰进行清理。由于中午时太阳太亮，暗光法很难看清有没有油和脂。因此，工人A和B便使用黑色塑料膜搭建一个较暗的工作区。由于当天有强风，黑色塑料膜很快包住法兰。工人A和B手握塑料膜，固定其中一边；另外2名等着把供氧混合器移回原位的承包商抓着塑料膜另一端。无意之中，塑料膜和管道对工人A和B形成了临时性封闭空间。

对南边管子法兰的检查和清理大约在10时45分开始，约11时35分完成。由于氮气没有流过南边管子的开口，因此事故没有发生。南边的管子也与反应器相连，但有一个关闭的阀门截住管子，防止氮气流入南边的管子。

然后，工人和承包商用塑料膜对北边管子的法兰进行同样的处理，工人A和B开始进行检查和清洁。由于这段管子曾用氮气吹扫过，管子中含有较高浓度的氮气，同时氮气继续从北边管子泄出，致使临时形成的封闭空间积聚高浓度的氮气。虽然工人A前天晚上曾指示给管道系统通入氮气，也许由于氮气的注入处离维修点较远（距事故地点45米，并有几个楼层相隔），他忘记氮气在管子里且没有意识到氮气正从管子里泄出。承包商在黑色塑料膜的另一边，据报告说曾与工人A和B谈话，与工人A和B最后一次联络正好发生在午后。12时20分左右，承包商通过塑料膜上的缝隙看到1名工人的手上有血，他立即向监工发出警告，监工开始喊叫塑料膜后的2名工人，但是他们没有回答。他移开塑料膜，在管子前发现工人B已失去知觉，躺在开口管子旁。据目击者称，工人 B 皮肤呈紫色；工人 A 坐在管子开口处，已经昏迷，向管子边倾斜，且皮肤苍白。工厂紧急救援队立即赶到，把 2 人移出该装置，并对工人 B 进行恢复心肺功能急救，然后用救护车将 2 人送往医院。工人 B 在到达医院之前死亡；工人 A 住院，在特护环境下进行输氧治疗，5 天后出院。

2．事故原因分析

（1）对含氮气的设备形成临时性封闭而形成潜在的危险的控制程序不适当。工厂对使用临时性封闭造成的潜在危险没有适当的规章制度可循。在将含有有害物质的箱体、容器、管道或类似设备搭建临时性封闭空间时，如果这些设备泄漏到封闭区，就会形成危险的局部环境。

（2）氮气和限制性空间危害警告不适当。员工不知道他们工作着的管道有危险的氮气正从管道开口处流出，虽然受害者之一前些时候曾执行氮气吹扫设备，但没有警示牌张贴在管道上，以提示有限制性的空间，或警告现场有氮气。

3．事故预防

（1）明确周围存在的危险品、危险源，配合有关部门对其进行的检测、评估和监控，遵守安全生产规章制度和操作规程，绝不违规操作。

（2）严格按照国家的有关规定进行，切实做好安全防护工作，避免氮气造成的第二次伤害。

（3）自觉参与单位组织的安全培训，提高自身文化水平，增强安全防范意识。

（二）限制性空间作业安全措施

（1）通风。要采取措施，保持限制性空间空气良好流通。

① 打开所有人孔、料孔、风门、烟门等进行自然通风。

② 存在自然通风局限时，须采取机械强制通风，通风次数不得少于 3 次 / 小时。

③ 作业时适宜的新鲜风量应能够达到 30 ～ 50 立方米 / 小时。不准向限制性空间充氧气或富氧空气。

④ 采用管道空气送风时，通风前必须对管道内介质和风源进行分析确认，连续导入维持限制性空间的氧含量恒定在正常范围。

（2）定时监测。

① 作业前 30 分钟内，必须对限制性空间再次作气体采样分析，验证分析检测结果是否符合安全作业许可要求。若不符合，必须按置换、清洗或通风作

业程序直到符合作业安全要求为止。

② 采集的分析样品要有代表性，应保留在气体取样器内并至少保留 4 小时甚至直至作业结束。限制性空间容积较大时应在上、中、下各部位取样分析，保证其内部任何部位的可燃气体浓度和氧含量符合标准规范要求，有毒有害物质不超过 GB Z2-2002 规定。

③ 作业中要加强定时监测，作业期间应至少每隔 4 小时取样复查一次，如有一项不合格以及出现其他情况异常，应立即停止作业并撤离作业人员，同时取消作业许可证；作业现场经处理，并经取样分析其结果符合限制性空间安全作业要求后，须重新开具作业许可证，方可继续作业。

④ 进入限制性空间作业，作业人员所带的工具、材料须进行逐项登记；完成作业离开限制性空间时，应清点作业工具、材料的数量并全部带出，不准留在限制性空间。

⑤ 涂刷具有挥发性溶剂的涂料时，应作连续分析，并采取可靠通风措施。

（3）照明和防护措施。

① 进入不能达到清洗和置换要求的限制性空间作业时，必须采取相应的防护措施。

◎ 在缺氧、有毒环境中，应佩戴正压式空气呼吸器，有条件可以使用长管压缩空气呼吸器。

◎ 在易燃易爆环境中，应使用防爆型低压电器灯具及不发生火花的工具，穿戴防静电等防护服装。

◎ 在酸碱等腐蚀性环境中，应穿戴好防腐蚀护具，穿防腐蚀鞋。

② 进入限制性空间作业应使用安全电压和安全行灯。进入金属容器（炉、塔、釜、罐等）和特别潮湿、工作场地狭窄的非金属容器内作业，照明电压不大于 12 伏；当需使用电动工具或照明电压大于 12 伏时，应按规定安装漏电保护器，其接线箱（板）严禁带入容器内使用。当作业环境原来盛装爆炸性液体、气体等介质的，则应使用防爆电筒或电压不大于 12 伏的防爆安全行灯，行灯变压器不应放在容器内或容器上；作业人员应穿戴防静电服装，使用防爆工具。

③ 使用超过安全电压的手持电动工具，必须按规定配备漏电保护器。

④ 临时用电线路装置，应按规定架设和拆除，线路绝缘保证良好。

⑤ 带有未加防护的转动部件的限制性空间，应在停机后切断电源，摘除保险或挂接地线，并在开关上挂“有人工作、严禁合闸”警示牌，必要时派专

人监护。

（4）多工种、多层交叉作业安全措施。

① 应采取互相之间避免伤害的措施。

② 应搭设安全梯或安全平台，必要时由监护人用安全绳拴住作业人员进行施工。

③ 限制性空间作业过程中，不能抛掷材料、工具等物品，交叉作业要有防止层间落物伤害作业人员的措施。不得使用卷扬机、吊车等运送作业人员。

④ 限制性空间外要备有必要的充足的安全防护用品、消防器材和清水等相应的应急物资。

（5）监护。

① 限制性空间作业必须有专人监护。

◎ 作业监护人应熟悉作业区域的环境和工艺情况，有判断和处理异常情况的能力，懂急救知识。

◎ 作业监护人在作业人员进入限制性空间作业前，负责对安全措施落实情况进行检查，发现安全措施不落实或安全措施不完善时，须阻止作业。

◎ 作业监护人应清点出入限制性空间作业人员人数，并与作业人员验证或者确定联络信号，在出入口处保持与作业人员的联系，严禁离岗。当发现异常情况时，应及时制止作业，并立即采取救护措施。

◎ 作业监护人应随身携带进入限制性空间作业许可证，并负责保管。

◎ 作业监护人员在作业期间，不得离开现场或做与监护无关的事。

② 进入限制性空间前，应在空间外显眼位置悬挂安全作业警示牌。

③ 安全风险程度较高的有限空间作业，应增设监护人员，并确保通畅的作业联络方式。

④ 必要时，进入限制性空间作业人员应系上安全绳，以便紧急时被拖拽施救。

⑤ 发生限制性空间事故，救护人员确保做好自身防护后，方可进入限制性空间实施抢救。

四、违章动火　甲醇爆炸

（一）案例：精甲醇计量槽爆炸事故

1996年7月30日16时10分，山东省某化工集团有机化工厂乌洛托品车间在精甲醇计量槽溢流管动火时，发生精甲醇计量槽爆炸事故。事故造成9人死亡，5人重伤。

1．事故经过和危害

1996年7月17日，有机化工厂乌洛托品车间因集团公司化肥厂精甲醇供应不足而停产，经集团公司同意，厂部研究决定借停产之机进行精甲醇直接加工甲醛的技术改造。7月30日15时30分左右，在精甲醇计量槽溢流管上安装阀口，焊接法兰。当对溢流管阀门连接焊口进行焊接时发生爆炸。

爆炸将计量槽槽体与槽底撕开，槽体飞出80余米，落在西侧空地处，槽底陷入地下1.2米。槽内10.5吨甲醇四溅，形成一片大火，火焰高达15米。2名焊工因爆炸、烧灼当场死亡；现场11名职工被烧成重伤送往医院，其中6人经抢救无效死亡；另有1人在救火时因手持泡沫灭火器底部锈蚀严重而爆炸，灭火器筒体飞出击中其下颌死亡。

2．事故原因分析

（1）事故直接原因。

在精甲醇计量槽溢流管上安装阀门、焊接法兰时，计量槽溢流管与计量槽上部连接法兰处已用盲板隔绝。溢流管左侧0.6米处有一进料管，其上端与计量槽上部空间相连，连接法兰处没有加盲板，其下端距地面400毫米处的进料阀被拆除，管口敞开直通大气。计量槽顶部有一呼吸管，管上装有阻火器。当时槽内存有甲醇10.5吨，约占槽内容积的三分之二，在气温高达35℃的情况下，槽内甲醇挥发气体与进料敞口处的空气汇流，形成爆炸混合气体。在对溢流管阀门连接法兰与溢流管对接焊口进行焊接时，焊接火花溅落到距焊口下方1.5米处的进料管敞开处，引燃槽内爆炸混合气体发生爆炸。

（2）管理因素分析。

由于集团公司有机化工厂安全科唯一一个安全员被调到集团公司安环处，厂安全员由该厂副厂长担任，致使安全工作不到位。一是该厂自 7 月 17 日停车以后进行的技术改造中，多次不办理动火证进行动火，违反了集团公司安全管理制度；二是动火采取的安全措施有漏洞，没有对进料管采取隔绝、置换、分析措施，从而发生事故；三是动火人和其他作业人员安全意识不高，在没有动火证的情况下听从安排，进行动火作业。

3．事故预防

（1）要按照国家法规、规范和标准，严格执行操作规程，尤其在动火、动土、入罐、抽堵盲板、临时用电等维修作业过程中，必须严格按照国家的有关规定进行，切实做好安全防护工作，杜绝违章作业。

（2）配合有关部门监督动火审批制度的落实情况。

（3）积极参与单位组织的安全教育和培训，增强自身安全意识，以及明确在发生事故时需要采取的相应对策措施。

（二）动火的六大禁令

（1）动火证未经批准，禁止动火。

（2）不与生产系统可靠隔绝，禁止动火。

（3）不清洗、置换不合格，禁止动火。

（4）不消除周围易燃物，禁止动火。

（5）不按时作动火分析，禁止动火。

（6）没有消防设施，无人监护，严格禁止动火。

结束语

化工生产安全保障办法

1．增强安全生产意识，严格落实和完善安全生产责任制

作为化工生产企业，从业人员应该具有较高的安全生产意识，做好全面的事故防范手段和措施。生产中可结合实际，通过安全教育学习等手段可不断地全面提高自身的安全意识，改变安全生产观念，牢固树立“安全第一”的思想，使安全工作全面顺利的开展。

另外，光有安全意识和安全知识还不够，关键是要将安全工作落到实处，真正体现“安全生产、人人有责”和“群防群治、防治结合”。生产过程中，要严格遵守国家的安全生产法律法规和企业制订和执行的安全生产责任制，以责任制规定和约束在各自的工作范围内按安全规章办事，实现对安全生产层层把关和负责。

2．夯实安全管理基础，加大安全资金投入，建立健全安全管理机制

进入市场经济，各化工企业的管理机制已作变更，重新理顺安全管理关系是当务之急。特别是 2002 年 11 月 1 日《安全生产法》施行后，企业的安全必须依法管理，安全措施费用必须落到实处，安全投入与生产事故为反比关系，少量的主动投入会减少较大的被动支出。按照《安全生产法》的规定不断完善和健全企业内部的安全生产制度、规程等，使安全管理规范化，统一化、合法化，最终促进化工生产的顺利发展。

3. 认真抓好新建、改建、扩建项目“三同时”，为生产安全打下基础

“三同时”制度是指对新建、改建、扩建工程的安全设施要与主体工程同时设计、同时施工、同时投产。“三同时”制度执行得好，对工程完工后生产中的安全管理会带来极大的方便和好处。

在“三同时”执行过程中，化工生产单位要根据自己的实际，首先对工程设计中的安全卫生内容作出可行性论证，这一关很重要。如果设计关未把好，安全就成了先天畸形，给未来留下难以整改的隐患。工程施工中不仅要把好安全设施建设的质量关，还要把好安全设施建设的数量关，工程建设中的矛盾多为资金紧张或资金不到位，不管出现什么困难，首先要保证安全设施的建设。“三同时”的最后一关为安全设施与主体工程同时投产，把好这一关可以检验安全设施的适用性与可靠性，并发现生产中存在的安全问题，便于及时整改。

4. 不断改进生产工艺，加强设备维护

工艺安全管理是化工安全管理的重点，生产工艺不仅关系产品产量与质量，还关系到操作环境、工业卫生、劳动强度等，要解决工艺安全应从以下方面着手：一是原料的选择，尽可能以低毒代高毒，无毒代有毒，尽量减少生产中产生的有毒有害物质，从源头预防，可大大减少生产过程中的被动预防工作和开销；二是不断探索新的生产工艺，到同行业先进厂家学习，吸取精华，采用新工艺，控制好生产中的跑、冒、滴、漏，应用电子技术，提高自动化程度，减轻工人的劳动强度；三是加强设备维护与管理，对设备的材质选择，要考虑强度、腐蚀、磨损、密闭、维护检修方便适用等，对特种设备必须按《特种设备质量监督与安全监察规定》办理；四是不断提高从业人员的科学技术文化水平，加强职业道德与操作技能的培训学习，使其具有较高的责任感和操作技能，能以严肃认真的态度精心操作、准确操作。

5. 做好职业病预防工作，加强劳动保护

职业病预防、劳动保护工作是化工生产中一项长期、复杂的工作，做好这项工作对保护工人的身体健康有重要和深远的意义。

首先，企业安全管理部门要掌握在生产过程中产生的有毒有害物质、噪声、热辐射、放射源等情况，再根据实际采取密闭、通风、隔离、吸收、个人防护等措施；其次是明确工业卫生机构、工业卫生管理人员和工作责任，以便开展专业性的工作；最后要加强劳动保护，化工生产中，劳动保护包括工作、休息、

生活等，生产中直观表现为对防护用品的依赖，严格遵守防护用品的设计、使用规定。生产环境里的工业卫生、劳动保护设施，如休息室、用餐室、厕所等，应符合标准要求，确保工人具有良好的工作环境。另外，对工人的生活也要纳入安全管理。《化工安全生产禁令》中规定，“班前班上不准喝酒”“上班期间不准睡觉干私活”等，要执行好这些条款，还得把预防工作跟职工的生活联系起来，为职工创造好卫生、休息、饮食、娱乐等条件，让职工有饱满充沛的精力确保安全操作。

6．立足安全检查，抓好现场管理

化工生产现场是各种管理的实践场地，抓好现场安全是抓好整个安全的关键环节。通过现场检查可发现人的不安全行为和工人所处环境的不安全因素，反馈安全管理中的存在问题，起到消除隐患和违章的作用，将事故控制在萌芽阶段。

安全检查方式方法很多，要做到经常化、日常化，同时发动全体从业人员，采取面上查与集中查相结合、重点查与普遍查相结合、领导查与相互查相结合等形式。生产越忙越要查，各类安全检查要定时、定量、有组织、有纪律、有记录、有考核、有评比、有总结。检查内容主要有安全生产责任制是否落实，是否有违章指挥、违章操作、事故隐患，隐患是否能按时整改，安全规章制度、安全技术规程是否齐全有效，安全管理台账是否健全、有效、适用等。充分利用好安全检查的手段，促进安全管理的全面提高。

总之，安全工作对化工生产是一项艰巨、长期、复杂的工作，从管理到生产都要绷紧安全这根弦，攻破生产中的各种安全难关，保障化工安全生产。

附录一

化工（危险化学品）企业保障生产安全十条规定

一、必须依法设立、证照齐全有效。

二、必须建立健全并严格落实全员安全生产责任制，严格执行领导带班值班制度。

三、必须确保从业人员符合录用条件并培训合格，依法持证上岗。

四、必须严格管控重大危险源，严格变更管理，遇险科学施救。

五、必须按照《危险化学品企业事故隐患排查治理实施导则》要求排查治理隐患。

六、严禁设备设施带病运行和未经审批停用报警联锁系统。

七、严禁可燃和有毒气体泄漏等报警系统处于非正常状态。

八、严禁未经审批进行动火、进入受限空间、高处、吊装、临时用电、动土、检维修、盲板抽堵等作业。

九、严禁违章指挥和强令他人冒险作业。

十、严禁违章作业、脱岗和在岗做与工作无关的事。

附录二

混合危险化学品配伍禁忌

混合危险配伍

物质 A	物质 B	可能发生的某些现象
氧化剂	可燃物	生成爆炸性混合物
氯酸盐	酸	混触发火
亚氯酸盐	酸	混触发火
次氯酸盐	酸	混触发火
亚硝胺	酸	混触发火
三氧化铬	可燃物	混触发火
高锰酸钾	可燃物	混触发火
高锰酸钾	浓硫酸	爆炸
四氯化铁	碱金属	爆炸
硝基化物	碱	生成高感度物质
亚硝基化物	碱	生成高感度物质
碱金属	水	混触发火
过氧化氢溶液	胺类	爆炸
醚	空气	生成爆炸性的有机过氧化物
烯烃	空气	生成爆炸性的有机过氧化物
氯酸盐	铵盐	生成爆炸性的铵盐
亚硝酸盐	铵盐	生成不稳定的铵盐

（续　表）

物质 A	物质 B	可能发生的某些现象
氯酸钾	红磷	生成对冲击、摩擦敏感的爆炸物
乙炔	铜	生成对冲击、摩擦敏感的铜盐
苦味酸	铅	生成对冲击、摩擦敏感的铅盐
浓硝酸	胺类	混触发火
过氧化钠	可燃物	混触发火

混合时产生有毒物质的不相容配伍

物质 A	物质 B	产生的有毒物
含砷化合物	还原剂	砷化三氢
叠（迭）氮化物	酸	叠氮化氢
氰化物	酸	氰化氢
硝酸盐	硫酸	二氧化氮
次氯酸盐	酸	氯或次氯酸
硝酸	铜、黄铜、重金属	二氧化氮
亚硝酸盐	酸	二氧化氮
磷	苛性碱或还原剂	磷化氢
硒化物	还原剂	硒化氢
硫化物	酸	硫化氢
碲化物	还原剂	碲化氢

可发生激烈反应的不相容配伍

物质 A	物质 B
醋酸	铬酸、硝酸、含氢氧基的化合物、乙二醇、过氯酸、过氧化物、高锰酸盐
丙酮	浓硝酸和浓硫酸混合物
乙炔	氯、溴、铜、银、氟及汞
碱金属和碱土金属，如钠、钾、锂、镁、钙、铝粉	二氧化碳、四氯化碳及其他烃类化合物（火场中有物质 A 时禁用水、泡沫及干粉，可用干沙灭火）
无水的氨	汞、氯、次氯酸钙、碘、溴和氟化氢

（续　表）

物质 A	物质 B
硝酸铵	酸、金属粉、易燃液体、氯酸盐、亚硝酸盐、硫、有机物或可燃的粉屑
苯胺	硝酸、过氧化氢
氧化钙	水
溴	氨、乙炔、丁二烯、丁烷和其他石油气、钠的碳化物、松节油、苯及金属粉屑
活性炭	次氯酸钙
氯酸盐	铵盐、酸、金属粉、硫、有机物或可燃物的粉屑
铬酸和三氧化铬	醋酸、萘、樟脑、甘油、松节油、醇及其他易燃液体
氯	氨、乙炔、丁二烯、丁烷和其他石油气、钠的碳化物、松节油、苯和金属粉屑
二氧化氯	氨、甲烷、磷化氢、硫化氢
铜	乙炔、过氧化氢
氟	与各种物品隔离
肼（联氨）	过氧化氢、硝酸、其他氧化剂
烃（苯、丁烷、丙烷、汽油、松节油等）	氟、氯、溴、铬酸、过氧化物
氢氰酸	硝酸、碱
氢氟酸及氟化氢	氨或氨的水溶液
过氧化氢	铜、铬、铁等大多数金属或它们的盐、任何易燃液体、可燃物、苯胺、硝基甲烷
硫化氢	发烟硝酸、氧化性气体
碘	乙炔、氨（无水的或水溶液）
汞	乙炔、雷酸、氨
浓硝酸	醋酸、丙酮、醇、苯胺、铬酸、氢氰酸、硫化氢、易燃液体和可消化物质，纸、硬板纸、破布
硝基烷烃	无机碱、氨
草酸	银、汞
氧	油、脂、氢、易燃液体、固体或气体
过氯酸	酸酐、醇、纸、木、脂、油
有机过氧化物	酸（有机或无机），避免摩擦，冷藏

（续　表）

物质 A	物质 B
硫酸	氯酸盐、过氯酸盐、高锰酸盐
黄磷	空气、氧
氯酸钾	酸（同氯酸盐）
过氯酸钾	酸（同过氯酸）
高锰酸钾	甘油、乙二醇、苯甲醛、硫酸
银	乙炔、草酸、酒石酸、雷酸、氨化合物
硝酸钠	硝酸铵及其他铵盐
过氧化钠	任何可氧化的物质，如乙醇、甲醇、冰醋酸、酸酐、苯甲醛、二硫化碳、甘油、乙二醇、醋酸乙酯、醋酸甲酯和糠醛

附录三

危险化学品安全管理条例

（2002年1月26日中华人民共和国国务院令第344号公布，2011年2月16日国务院第144次常务会议修订通过）

第一章　总　　则

第一条　为了加强危险化学品的安全管理，预防和减少危险化学品事故，保障人民群众生命财产安全，保护环境，制定本条例。

第二条　危险化学品生产、储存、使用、经营和运输的安全管理，适用本条例。

废弃危险化学品的处置，依照有关环境保护的法律、行政法规和国家有关规定执行。

第三条　本条例所称危险化学品，是指具有毒害、腐蚀、爆炸、燃烧、助燃等性质，对人体、设施、环境具有危害的剧毒化学品和其他化学品。

危险化学品目录，由国务院安全生产监督管理部门会同国务院工业和信息化、公安、环境保护、卫生、质量监督检验检疫、交通运输、铁路、民用航空、农业主管部门，根据化学品危险特性的鉴别和分类标准确定、公布，并适时调整。

第四条　危险化学品安全管理，应当坚持安全第一、预防为主、综合治理的方针，强化和落实企业的主体责任。

生产、储存、使用、经营、运输危险化学品的单位（以下统称危险化学品单位）的主要负责人对本单位的危险化学品安全管理工作全面负责。

危险化学品单位应当具备法律、行政法规规定和国家标准、行业标准要求的安全条件，建立、健全安全管理规章制度和岗位安全责任制度，对从业人员进行安全教育、法制教育和岗位技术培训。从业人员应当接受教育和培训，考核合格后上岗作业；对有资格要求的岗位，应当配备依法取得相应资格的人员。

第五条　任何单位和个人不得生产、经营、使用国家禁止生产、经营、使用的危险化学品。

国家对危险化学品的使用有限制性规定的，任何单位和个人不得违反限制性规定使用危险化学品。

第六条　对危险化学品的生产、储存、使用、经营、运输实施安全监督管理的有关部门（以下统称负有危险化学品安全监督管理职责的部门），依照下列规定履行职责：

（一）安全生产监督管理部门负责危险化学品安全监督管理综合工作，组织确定、公布、调整危险化学品目录，对新建、改建、扩建生产、储存危险化学品（包括使用长输管道输送危险化学品，下同）的建设项目进行安全条件审查，核发危险化学品安全生产许可证、危险化学品安全使用许可证和危险化学品经营许可证，并负责危险化学品登记工作。

（二）公安机关负责危险化学品的公共安全管理，核发剧毒化学品购买许可证、剧毒化学品道路运输通行证，并负责危险化学品运输车辆的道路交通安全管理。

（三）质量监督检验检疫部门负责核发危险化学品及其包装物、容器（不包括储存危险化学品的固定式大型储罐，下同）生产企业的工业产品生产许可证，并依法对其产品质量实施监督，负责对进出口危险化学品及其包装实施检验。

（四）环境保护主管部门负责废弃危险化学品处置的监督管理，组织危险化学品的环境危害性鉴定和环境风险程度评估，确定实施重点环境管理的危险化学品，负责危险化学品环境管理登记和新化学物质环境管理登记；依照职责分工调查相关危险化学品环境污染事故和生态破坏事件，负责危险化学品事故现场的应急环境监测。

（五）交通运输主管部门负责危险化学品道路运输、水路运输的许可以及运输工具的安全管理，对危险化学品水路运输安全实施监督，负责危险化学品道路运输企业、水路运输企业驾驶人员、船员、装卸管理人员、押运人员、申报人员、集装箱装箱现场检查员的资格认定。铁路主管部门负责危险化学品铁路运输的安全管理，负责危险化学品铁路运输承运人、托运人的资质审批及其运输工具的安全管理。民用航空主管部门负责危险化学品航空运输以及航空运输企业及其运输工具的安全管理。

（六）卫生主管部门负责危险化学品毒性鉴定的管理，负责组织、协调危险化学品事故受伤人员的医疗卫生救援工作。

（七）工商行政管理部门依据有关部门的许可证件，核发危险化学品生产、储存、经营、运输企业营业执照，查处危险化学品经营企业违法采购危险化学品的行为。

（八）邮政管理部门负责依法查处寄递危险化学品的行为。

第七条　负有危险化学品安全监督管理职责的部门依法进行监督检查，可以采取下列措施：

（一）进入危险化学品作业场所实施现场检查，向有关单位和人员了解情况，查阅、复制有关文件、资料；

（二）发现危险化学品事故隐患，责令立即消除或者限期消除；

（三）对不符合法律、行政法规、规章规定或者国家标准、行业标准要求的设施、设备、装置、器材、运输工具，责令立即停止使用；

（四）经本部门主要负责人批准，查封违法生产、储存、使用、经营危险化学品的场所，扣押违法生产、储存、使用、经营、运输的危险化学品以及用于违法生产、使用、运输危险化学品的原材料、设备、运输工具；

（五）发现影响危险化学品安全的违法行为，当场予以纠正或者责令限期改正。

负有危险化学品安全监督管理职责的部门依法进行监督检查，监督检查人员不得少于2人，并应当出示执法证件；有关单位和个人对依法进行的监督检查应当予以配合，不得拒绝、阻碍。

第八条 县级以上人民政府应当建立危险化学品安全监督管理工作协调机制，支持、督促负有危险化学品安全监督管理职责的部门依法履行职责，协调、解决危险化学品安全监督管理工作中的重大问题。

负有危险化学品安全监督管理职责的部门应当相互配合、密切协作，依法加强对危险化学品的安全监督管理。

第九条 任何单位和个人对违反本条例规定的行为，有权向负有危险化学品安全监督管理职责的部门举报。负有危险化学品安全监督管理职责的部门接到举报，应当及时依法处理；对不属于本部门职责的，应当及时移送有关部门处理。

第十条 国家鼓励危险化学品生产企业和使用危险化学品从事生产的企业采用有利于提高安全保障水平的先进技术、工艺、设备以及自动控制系统，鼓励对危险化学品实行专门储存、统一配送、集中销售。

第二章　生产、储存安全

第十一条 国家对危险化学品的生产、储存实行统筹规划、合理布局。

国务院工业和信息化主管部门以及国务院其他有关部门依据各自职责，负责危险化学品生产、储存的行业规划和布局。

地方人民政府组织编制城乡规划，应当根据本地区的实际情况，按照确保安全的原则，规划适当区域专门用于危险化学品的生产、储存。

第十二条 新建、改建、扩建生产、储存危险化学品的建设项目（以下简称建设项目），应当由安全生产监督管理部门进行安全条件审查。

建设单位应当对建设项目进行安全条件论证，委托具备国家规定的资质条件的机构对建设项目进行安全评价，并将安全条件论证和安全评价的情况报告建设项目所在地设区的市级以上人民政府安全生产监督管理部门；安全生产监督管理部门应当自收到报告之日起45日内作出审查决定，并书面通知建设单位。具体办法由国务院安全生产监督管理部门制定。

新建、改建、扩建储存、装卸危险化学品的港口建设项目，由港口行政管理部门按照国务院交通运输主管部门的规定进行安全条件审查。

第十三条 生产、储存危险化学品的单位，应当对其铺设的危险化学品管道设置明显标志，并对危险化学品管道定期检查、检测。

进行可能危及危险化学品管道安全的施工作业时，施工单位应当在开工的7日前书面通知管道所属单位，并与管道所属单位共同制定应急预案，采取相应的安全防护措施。管道所属单位应当指派专门人员到现场进行管道安全保护指导。

第十四条　危险化学品生产企业进行生产前，应当依照《安全生产许可证条例》的规定，取得危险化学品安全生产许可证。

生产列入国家实行生产许可证制度的工业产品目录的危险化学品的企业，应当依照《中华人民共和国工业产品生产许可证管理条例》的规定，取得工业产品生产许可证。

负责颁发危险化学品安全生产许可证、工业产品生产许可证的部门，应当将其颁发许可证的情况及时向同级工业和信息化主管部门、环境保护主管部门和公安机关通报。

第十五条　危险化学品生产企业应当提供与其生产的危险化学品相符的化学品安全技术说明书，并在危险化学品包装（包括外包装件）上粘贴或者拴挂与包装内危险化学品相符的化学品安全标签。化学品安全技术说明书和化学品安全标签所载明的内容应当符合国家标准的要求。

危险化学品生产企业发现其生产的危险化学品有新的危险特性的，应当立即公告，并及时修订其化学品安全技术说明书和化学品安全标签。

第十六条　生产实施重点环境管理的危险化学品的企业，应当按照国务院环境保护主管部门的规定，将该危险化学品向环境中释放等相关信息向环境保护主管部门报告。环境保护主管部门可以根据情况采取相应的环境风险控制措施。

第十七条　危险化学品的包装应当符合法律、行政法规、规章的规定以及国家标准、行业标准的要求。

危险化学品包装物、容器的材质以及危险化学品包装的型式、规格、方法和单件质量（重量），应当与所包装的危险化学品的性质和用途相适应。

第十八条　生产列入国家实行生产许可证制度的工业产品目录的危险化学品包装物、容器的企业，应当依照《中华人民共和国工业产品生产许可证管理条例》的规定，取得工业产品生产许可证；其生产的危险化学品包装物、容器经国务院质量监督检验检疫部门认定的检验机构检验合格，方可出厂销售。

运输危险化学品的船舶及其配载的容器，应当按照国家船舶检验规范进行生产，并经海事管理机构认定的船舶检验机构检验合格，方可投入使用。

对重复使用的危险化学品包装物、容器，使用单位在重复使用前应当进行检查；发现存在安全隐患的，应当维修或者更换。使用单位应当对检查情况作出记录，记录的保存期限不得少于2年。

第十九条　危险化学品生产装置或者储存数量构成重大危险源的危险化学品储存设施（运输工具加油站、加气站除外），与下列场所、设施、区域的距离应当符合国家有关规定：

（一）居住区以及商业中心、公园等人员密集场所；

（二）学校、医院、影剧院、体育场（馆）等公共设施；

（三）饮用水源、水厂以及水源保护区；

（四）车站、码头（依法经许可从事危险化学品装卸作业的除外）、机场以及通信干线、通信枢纽、铁路线路、道路交通干线、水路交通干线、地铁风亭以及地铁站出入口；

（五）基本农田保护区、基本草原、畜禽遗传资源保护区、畜禽规模化养殖场（养殖小区）、渔业水域以及种子、种畜禽、水产苗种生产基地；

（六）河流、湖泊、风景名胜区、自然保护区；

（七）军事禁区、军事管理区；

（八）法律、行政法规规定的其他场所、设施、区域。

已建的危险化学品生产装置或者储存数量构成重大危险源的危险化学品储存设施不符合前款规定的，由所在地设区的市级人民政府安全生产监督管理部门会同有关部门监督其所属单位在规定期限内进行整改；需要转产、停产、搬迁、关闭的，由本级人民政府决定并组织实施。

储存数量构成重大危险源的危险化学品储存设施的选址，应当避开地震活动断层和容易发生洪灾、地质灾害的区域。

本条例所称重大危险源，是指生产、储存、使用或者搬运危险化学品，且危险化学品的数量等于或者超过临界量的单元（包括场所和设施）。

第二十条 生产、储存危险化学品的单位，应当根据其生产、储存的危险化学品的种类和危险特性，在作业场所设置相应的监测、监控、通风、防晒、调温、防火、灭火、防爆、泄压、防毒、中和、防潮、防雷、防静电、防腐、防泄漏以及防护围堤或者隔离操作等安全设施、设备，并按照国家标准、行业标准或者国家有关规定对安全设施、设备进行经常性维护、保养，保证安全设施、设备的正常使用。

生产、储存危险化学品的单位，应当在其作业场所和安全设施、设备上设置明显的安全警示标志。

第二十一条 生产、储存危险化学品的单位，应当在其作业场所设置通信、报警装置，并保证处于适用状态。

第二十二条 生产、储存危险化学品的企业，应当委托具备国家规定的资质条件的机构，对本企业的安全生产条件每3年进行一次安全评价，提出安全评价报告。安全评价报告的内容应当包括对安全生产条件存在的问题进行整改的方案。

生产、储存危险化学品的企业，应当将安全评价报告以及整改方案的落实情况报所在地县级人民政府安全生产监督管理部门备案。在港区内储存危险化学品的企业，应当将安全评价报告以及整改方案的落实情况报港口行政管理部门备案。

第二十三条 生产、储存剧毒化学品或者国务院公安部门规定的可用于制造爆炸物品的危险化学品（以下简称易制爆危险化学品）的单位，应当如实记录其生产、储存的剧毒化学品、易制爆危险化学品的数量、流向，并采取必要的安全防范措施，防止剧毒化学品、易制爆危险化学品丢失或者被盗；发现剧毒化学品、易制爆危险化学品丢失或者被盗的，应当立即向当地公安机关报告。

生产、储存剧毒化学品、易制爆危险化学品的单位，应当设置治安保卫机构，配备专职治安保卫人员。

第二十四条　危险化学品应当储存在专用仓库、专用场地或者专用储存室（以下统称专用仓库）内，并由专人负责管理；剧毒化学品以及储存数量构成重大危险源的其他危险化学品，应当在专用仓库内单独存放，并实行双人收发、双人保管制度。

危险化学品的储存方式、方法以及储存数量应当符合国家标准或者国家有关规定。

第二十五条　储存危险化学品的单位应当建立危险化学品出入库核查、登记制度。

对剧毒化学品以及储存数量构成重大危险源的其他危险化学品，储存单位应当将其储存数量、储存地点以及管理人员的情况，报所在地县级人民政府安全生产监督管理部门（在港区内储存的，报港口行政管理部门）和公安机关备案。

第二十六条　危险化学品专用仓库应当符合国家标准、行业标准的要求，并设置明显的标志。储存剧毒化学品、易制爆危险化学品的专用仓库，应当按照国家有关规定设置相应的技术防范设施。

储存危险化学品的单位应当对其危险化学品专用仓库的安全设施、设备定期进行检测、检验。

第二十七条　生产、储存危险化学品的单位转产、停产、停业或者解散的，应当采取有效措施，及时、妥善处置其危险化学品生产装置、储存设施以及库存的危险化学品，不得丢弃危险化学品；处置方案应当报所在地县级人民政府安全生产监督管理部门、工业和信息化主管部门、环境保护主管部门和公安机关备案。安全生产监督管理部门应当会同环境保护主管部门和公安机关对处置情况进行监督检查，发现未依照规定处置的，应当责令其立即处置。

第三章　使用安全

第二十八条　使用危险化学品的单位，其使用条件（包括工艺）应当符合法律、行政法规的规定和国家标准、行业标准的要求，并根据所使用的危险化学品的种类、危险特性以及使用量和使用方式，建立、健全使用危险化学品的安全管理规章制度和安全操作规程，保证危险化学品的安全使用。

第二十九条　使用危险化学品从事生产并且使用量达到规定数量的化工企业（属于危险化学品生产企业的除外，下同），应当依照本条例的规定取得危险化学品安全使用许可证。

前款规定的危险化学品使用量的数量标准，由国务院安全生产监督管理部门会同国务院公安部门、农业主管部门确定并公布。

第三十条　申请危险化学品安全使用许可证的化工企业，除应当符合本条例第二十八条的规定外，还应当具备下列条件：

（一）有与所使用的危险化学品相适应的专业技术人员；

（二）有安全管理机构和专职安全管理人员；

（三）有符合国家规定的危险化学品事故应急预案和必要的应急救援器材、设备；

（四）依法进行了安全评价。

第三十一条 申请危险化学品安全使用许可证的化工企业，应当向所在地设区的市级人民政府安全生产监督管理部门提出申请，并提交其符合本条例第三十条规定条件的证明材料。设区的市级人民政府安全生产监督管理部门应当依法进行审查，自收到证明材料之日起45日内作出批准或者不予批准的决定。予以批准的，颁发危险化学品安全使用许可证；不予批准的，书面通知申请人并说明理由。

安全生产监督管理部门应当将其颁发危险化学品安全使用许可证的情况及时向同级环境保护主管部门和公安机关通报。

第三十二条 本条例第十六条关于生产实施重点环境管理的危险化学品的企业的规定，适用于使用实施重点环境管理的危险化学品从事生产的企业；第二十条、第二十一条、第二十三条第一款、第二十七条关于生产、储存危险化学品的单位的规定，适用于使用危险化学品的单位；第二十二条关于生产、储存危险化学品的企业的规定，适用于使用危险化学品从事生产的企业。

第四章 经营安全

第三十三条 国家对危险化学品经营（包括仓储经营，下同）实行许可制度。未经许可，任何单位和个人不得经营危险化学品。

依法设立的危险化学品生产企业在其厂区范围内销售本企业生产的危险化学品，不需要取得危险化学品经营许可。

依照《中华人民共和国港口法》的规定取得港口经营许可证的港口经营人，在港区内从事危险化学品仓储经营，不需要取得危险化学品经营许可。

第三十四条 从事危险化学品经营的企业应当具备下列条件：

（一）有符合国家标准、行业标准的经营场所，储存危险化学品的，还应当有符合国家标准、行业标准的储存设施；

（二）从业人员经过专业技术培训并经考核合格；

（三）有健全的安全管理规章制度；

（四）有专职安全管理人员；

（五）有符合国家规定的危险化学品事故应急预案和必要的应急救援器材、设备；

（六）法律、法规规定的其他条件。

第三十五条 从事剧毒化学品、易制爆危险化学品经营的企业，应当向所在地设区的市级人民政府安全生产监督管理部门提出申请，从事其他危险化学品经营的企业，应当向所在地县级人民政府安全生产监督管理部门提出申请（有储存设施的，应当向所在地设区的市级人民政府安全生产监督管理部门提出申请)。申请人应当提交其符合本条例第三十四条规定条件的证明材料。设区的市级人民政府安全生产监督管理部门或者县级人民政府安全生产监督管理部门应当依法进行审查，并对申请人的经营场所、储存设施进行现场核查，自收到证明材料之日起 30 日内作出批准或者不予批准的决定。予以批准的，颁发危险化学品经营许可证；不予批准的，书面通知申请人并说明理由。

设区的市级人民政府安全生产监督管理部门和县级人民政府安全生产监督管理部门应当将其颁发危险化学品经营许可证的情况及时向同级环境保护主管部门和公安机关通报。

申请人持危险化学品经营许可证向工商行政管理部门办理登记手续后，方可从事危险化学品经营活动。法律、行政法规或者国务院规定经营危险化学品还需要经其他有关部门许可的，申请人向工商行政管理部门办理登记手续时还应当持相应的许可证件。

第三十六条　危险化学品经营企业储存危险化学品的，应当遵守本条例第二章关于储存危险化学品的规定。危险化学品商店内只能存放民用小包装的危险化学品。

第三十七条　危险化学品经营企业不得向未经许可从事危险化学品生产、经营活动的企业采购危险化学品，不得经营没有化学品安全技术说明书或者化学品安全标签的危险化学品。

第三十八条　依法取得危险化学品安全生产许可证、危险化学品安全使用许可证、危险化学品经营许可证的企业，凭相应的许可证件购买剧毒化学品、易制爆危险化学品。民用爆炸物品生产企业凭民用爆炸物品生产许可证购买易制爆危险化学品。

前款规定以外的单位购买剧毒化学品的，应当向所在地县级人民政府公安机关申请取得剧毒化学品购买许可证；购买易制爆危险化学品的，应当持本单位出具的合法用途说明。

个人不得购买剧毒化学品（属于剧毒化学品的农药除外）和易制爆危险化学品。

第三十九条　申请取得剧毒化学品购买许可证，申请人应当向所在地县级人民政府公安机关提交下列材料：

（一）营业执照或者法人证书（登记证书）的复印件；

（二）拟购买的剧毒化学品品种、数量的说明；

（三）购买剧毒化学品用途的说明；

（四）经办人的身份证明。

县级人民政府公安机关应当自收到前款规定的材料之日起 3 日内，作出批准或者不予批准的决定。予以批准的，颁发剧毒化学品购买许可证；不予批准的，书面通知申请人并说明理由。

剧毒化学品购买许可证管理办法由国务院公安部门制定。

第四十条　危险化学品生产企业、经营企业销售剧毒化学品、易制爆危险化学品，应当查验本条例第三十八条第一款、第二款规定的相关许可证件或者证明文件，不得向不具有相关许可证件或者证明文件的单位销售剧毒化学品、易制爆危险化学品。对持剧毒化学品购买许可证购买剧毒化学品的，应当按照许可证载明的品种、数量销售。

禁止向个人销售剧毒化学品（属于剧毒化学品的农药除外）和易制爆危险化学品。

第四十一条 危险化学品生产企业、经营企业销售剧毒化学品、易制爆危险化学品，应当如实记录购买单位的名称、地址、经办人的姓名、身份证号码以及所购买的剧毒化学品、易制爆危险化学品的品种、数量、用途。销售记录以及经办人的身份证明复印件、相关许可证件复印件或者证明文件的保存期限不得少于1年。

剧毒化学品、易制爆危险化学品的销售企业、购买单位应当在销售、购买后5日内，将所销售、购买的剧毒化学品、易制爆危险化学品的品种、数量以及流向信息报所在地县级人民政府公安机关备案，并输入计算机系统。

第四十二条 使用剧毒化学品、易制爆危险化学品的单位不得出借、转让其购买的剧毒化学品、易制爆危险化学品；因转产、停产、搬迁、关闭等确需转让的，应当向具有本条例第三十八条第一款、第二款规定的相关许可证件或者证明文件的单位转让，并在转让后将有关情况及时向所在地县级人民政府公安机关报告。

第五章 运输安全

第四十三条 从事危险化学品道路运输、水路运输的，应当分别依照有关道路运输、水路运输的法律、行政法规的规定，取得危险货物道路运输许可、危险货物水路运输许可，并向工商行政管理部门办理登记手续。

危险化学品道路运输企业、水路运输企业应当配备专职安全管理人员。

第四十四条 危险化学品道路运输企业、水路运输企业的驾驶人员、船员、装卸管理人员、押运人员、申报人员、集装箱装箱现场检查员应当经交通运输主管部门考核合格，取得从业资格。具体办法由国务院交通运输主管部门制定。

危险化学品的装卸作业应当遵守安全作业标准、规程和制度，并在装卸管理人员的现场指挥或者监控下进行。水路运输危险化学品的集装箱装箱作业应当在集装箱装箱现场检查员的指挥或者监控下进行，并符合积载、隔离的规范和要求；装箱作业完毕后，集装箱装箱现场检查员应当签署装箱证明书。

第四十五条 运输危险化学品，应当根据危险化学品的危险特性采取相应的安全防护措施，并配备必要的防护用品和应急救援器材。

用于运输危险化学品的槽罐以及其他容器应当封口严密，能够防止危险化学品在运输过程中因温度、湿度或者压力的变化发生渗漏、洒漏；槽罐以及其他容器的溢流和泄压装置应当设置准确、起闭灵活。

运输危险化学品的驾驶人员、船员、装卸管理人员、押运人员、申报人员、集装箱装箱现场检查员，应当了解所运输的危险化学品的危险特性及其包装物、容器的使用要求和出现危险情况时的应急处置方法。

第四十六条 通过道路运输危险化学品的，托运人应当委托依法取得危险货物道路运输许可的企业承运。

第四十七条　通过道路运输危险化学品的，应当按照运输车辆的核定载质量装载危险化学品，不得超载。

危险化学品运输车辆应当符合国家标准要求的安全技术条件，并按照国家有关规定定期进行安全技术检验。

危险化学品运输车辆应当悬挂或者喷涂符合国家标准要求的警示标志。

第四十八条　通过道路运输危险化学品的，应当配备押运人员，并保证所运输的危险化学品处于押运人员的监控之下。

运输危险化学品途中因住宿或者发生影响正常运输的情况，需要较长时间停车的，驾驶人员、押运人员应当采取相应的安全防范措施；运输剧毒化学品或者易制爆危险化学品的，还应当向当地公安机关报告。

第四十九条　未经公安机关批准，运输危险化学品的车辆不得进入危险化学品运输车辆限制通行的区域。危险化学品运输车辆限制通行的区域由县级人民政府公安机关划定，并设置明显的标志。

第五十条　通过道路运输剧毒化学品的，托运人应当向运输始发地或者目的地县级人民政府公安机关申请剧毒化学品道路运输通行证。

申请剧毒化学品道路运输通行证，托运人应当向县级人民政府公安机关提交下列材料：

（一）拟运输的剧毒化学品品种、数量的说明；

（二）运输始发地、目的地、运输时间和运输路线的说明；

（三）承运人取得危险货物道路运输许可、运输车辆取得营运证以及驾驶人员、押运人员取得上岗资格的证明文件；

（四）本条例第三十八条第一款、第二款规定的购买剧毒化学品的相关许可证件，或者海关出具的进出口证明文件。

县级人民政府公安机关应当自收到前款规定的材料之日起7日内，作出批准或者不予批准的决定。予以批准的，颁发剧毒化学品道路运输通行证；不予批准的，书面通知申请人并说明理由。

剧毒化学品道路运输通行证管理办法由国务院公安部门制定。

第五十一条　剧毒化学品、易制爆危险化学品在道路运输途中丢失、被盗、被抢或者出现流散、泄漏等情况的，驾驶人员、押运人员应当立即采取相应的警示措施和安全措施，并向当地公安机关报告。公安机关接到报告后，应当根据实际情况立即向安全生产监督管理部门、环境保护主管部门、卫生主管部门通报。有关部门应当采取必要的应急处置措施。

第五十二条　通过水路运输危险化学品的，应当遵守法律、行政法规以及国务院交通运输主管部门关于危险货物水路运输安全的规定。

第五十三条　海事管理机构应当根据危险化学品的种类和危险特性，确定船舶运输危险化学品的相关安全运输条件。

拟交付船舶运输的化学品的相关安全运输条件不明确的，应当经国家海事管理机构认定的机构进行评估，明确相关安全运输条件并经海事管理机构确认后，方可交付船舶运输。

第五十四条 禁止通过内河封闭水域运输剧毒化学品以及国家规定禁止通过内河运输的其他危险化学品。

前款规定以外的内河水域，禁止运输国家规定禁止通过内河运输的剧毒化学品以及其他危险化学品。

禁止通过内河运输的剧毒化学品以及其他危险化学品的范围，由国务院交通运输主管部门会同国务院环境保护主管部门、工业和信息化主管部门、安全生产监督管理部门，根据危险化学品的危险特性、危险化学品对人体和水环境的危害程度以及消除危害后果的难易程度等因素规定并公布。

第五十五条 国务院交通运输主管部门应当根据危险化学品的危险特性，对通过内河运输本条例第五十四条规定以外的危险化学品（以下简称通过内河运输危险化学品）实行分类管理，对各类危险化学品的运输方式、包装规范和安全防护措施等分别作出规定并监督实施。

第五十六条 通过内河运输危险化学品，应当由依法取得危险货物水路运输许可的水路运输企业承运，其他单位和个人不得承运。托运人应当委托依法取得危险货物水路运输许可的水路运输企业承运，不得委托其他单位和个人承运。

第五十七条 通过内河运输危险化学品，应当使用依法取得危险货物适装证书的运输船舶。水路运输企业应当针对所运输的危险化学品的危险特性，制定运输船舶危险化学品事故应急救援预案，并为运输船舶配备充足、有效的应急救援器材和设备。

通过内河运输危险化学品的船舶，其所有人或者经营人应当取得船舶污染损害责任保险证书或者财务担保证明。船舶污染损害责任保险证书或者财务担保证明的副本应当随船携带。

第五十八条 通过内河运输危险化学品，危险化学品包装物的材质、型式、强度以及包装方法应当符合水路运输危险化学品包装规范的要求。国务院交通运输主管部门对单船运输的危险化学品数量有限制性规定的，承运人应当按照规定安排运输数量。

第五十九条 用于危险化学品运输作业的内河码头、泊位应当符合国家有关安全规范，与饮用水取水口保持国家规定的距离。有关管理单位应当制定码头、泊位危险化学品事故应急预案，并为码头、泊位配备充足、有效的应急救援器材和设备。

用于危险化学品运输作业的内河码头、泊位，经交通运输主管部门按照国家有关规定验收合格后方可投入使用。

第六十条 船舶载运危险化学品进出内河港口，应当将危险化学品的名称、危险特性、包装以及进出港时间等事项，事先报告海事管理机构。海事管理机构接到报告后，应当在国务院交通运输主管部门规定的时间内作出是否同意的决定，通知报告人，同时通报港口行政管理部门。定船舶、定航线、定货种的船舶可以定期报告。

在内河港口内进行危险化学品的装卸、过驳作业，应当将危险化学品的名称、危险特性、包装和作业的时间、地点等事项报告港口行政管理部门。港口行政管理部门接到报告后，应当在国务院交通运输主管部门规定的时间内作出是否同意的决定，通知报告人，同时通报海事管理机构。

载运危险化学品的船舶在内河航行，通过过船建筑物的，应当提前向交通运输主管部门申报，并接受交通运输主管部门的管理。

第六十一条　载运危险化学品的船舶在内河航行、装卸或者停泊，应当悬挂专用的警示标志，按照规定显示专用信号。

载运危险化学品的船舶在内河航行，按照国务院交通运输主管部门的规定需要引航的，应当申请引航。

第六十二条　载运危险化学品的船舶在内河航行，应当遵守法律、行政法规和国家其他有关饮用水水源保护的规定。内河航道发展规划应当与依法经批准的饮用水水源保护区划定方案相协调。

第六十三条　托运危险化学品的，托运人应当向承运人说明所托运的危险化学品的种类、数量、危险特性以及发生危险情况的应急处置措施，并按照国家有关规定对所托运的危险化学品妥善包装，在外包装上设置相应的标志。

运输危险化学品需要添加抑制剂或者稳定剂的，托运人应当添加，并将有关情况告知承运人。

第六十四条　托运人不得在托运的普通货物中夹带危险化学品，不得将危险化学品匿报或者谎报为普通货物托运。

任何单位和个人不得交寄危险化学品或者在邮件、快件内夹带危险化学品，不得将危险化学品匿报或者谎报为普通物品交寄。邮政企业、快递企业不得收寄危险化学品。

对涉嫌违反本条第一款、第二款规定的，交通运输主管部门、邮政管理部门可以依法开拆查验。

第六十五条　通过铁路、航空运输危险化学品的安全管理，依照有关铁路、航空运输的法律、行政法规、规章的规定执行。

第六章　危险化学品登记与事故应急救援

第六十六条　国家实行危险化学品登记制度，为危险化学品安全管理以及危险化学品事故预防和应急救援提供技术、信息支持。

第六十七条　危险化学品生产企业、进口企业，应当向国务院安全生产监督管理部门负责危险化学品登记的机构（以下简称危险化学品登记机构）办理危险化学品登记。

危险化学品登记包括下列内容：

（一）分类和标签信息；

（二）物理、化学性质；

（三）主要用途；

（四）危险特性；

（五）储存、使用、运输的安全要求；

（六）出现危险情况的应急处置措施。

对同一企业生产、进口的同一品种的危险化学品，不进行重复登记。危险化学品生产企业、进口企业发现其生产、进口的危险化学品有新的危险特性的，应当及时向危险化学品登记机构办理登记内容变更手续。

危险化学品登记的具体办法由国务院安全生产监督管理部门制定。

第六十八条 危险化学品登记机构应当定期向工业和信息化、环境保护、公安、卫生、交通运输、铁路、质量监督检验检疫等部门提供危险化学品登记的有关信息和资料。

第六十九条 县级以上地方人民政府安全生产监督管理部门应当会同工业和信息化、环境保护、公安、卫生、交通运输、铁路、质量监督检验检疫等部门，根据本地区实际情况，制定危险化学品事故应急预案，报本级人民政府批准。

第七十条 危险化学品单位应当制定本单位危险化学品事故应急预案，配备应急救援人员和必要的应急救援器材、设备，并定期组织应急救援演练。

危险化学品单位应当将其危险化学品事故应急预案报所在地设区的市级人民政府安全生产监督管理部门备案。

第七十一条 发生危险化学品事故，事故单位主要负责人应当立即按照本单位危险化学品应急预案组织救援，并向当地安全生产监督管理部门和环境保护、公安、卫生主管部门报告；道路运输、水路运输过程中发生危险化学品事故的，驾驶人员、船员或者押运人员还应当向事故发生地交通运输主管部门报告。

第七十二条 发生危险化学品事故，有关地方人民政府应当立即组织安全生产监督管理、环境保护、公安、卫生、交通运输等有关部门，按照本地区危险化学品事故应急预案组织实施救援，不得拖延、推诿。

有关地方人民政府及其有关部门应当按照下列规定，采取必要的应急处置措施，减少事故损失，防止事故蔓延、扩大：

（一）立即组织营救和救治受害人员，疏散、撤离或者采取其他措施保护危害区域内的其他人员；

（二）迅速控制危害源，测定危险化学品的性质、事故的危害区域及危害程度；

（三）针对事故对人体、动植物、土壤、水源、大气造成的现实危害和可能产生的危害，迅速采取封闭、隔离、洗消等措施；

（四）对危险化学品事故造成的环境污染和生态破坏状况进行监测、评估，并采取相应的环境污染治理和生态修复措施。

第七十三条 有关危险化学品单位应当为危险化学品事故应急救援提供技术指导和必要的协助。

第七十四条 危险化学品事故造成环境污染的，由设区的市级以上人民政府环境保护主管部门统一发布有关信息。

第七章　法律责任

第七十五条　生产、经营、使用国家禁止生产、经营、使用的危险化学品的，由安全生产监督管理部门责令停止生产、经营、使用活动，处20万元以上50万元以下的罚款，有违法所得的，没收违法所得；构成犯罪的，依法追究刑事责任。

有前款规定行为的，安全生产监督管理部门还应当责令其对所生产、经营、使用的危险化学品进行无害化处理。

违反国家关于危险化学品使用的限制性规定使用危险化学品的，依照本条第一款的规定处理。

第七十六条　未经安全条件审查，新建、改建、扩建生产、储存危险化学品的建设项目的，由安全生产监督管理部门责令停止建设，限期改正；逾期不改正的，处50万元以上100万元以下的罚款；构成犯罪的，依法追究刑事责任。

未经安全条件审查，新建、改建、扩建储存、装卸危险化学品的港口建设项目的，由港口行政管理部门依照前款规定予以处罚。

第七十七条　未依法取得危险化学品安全生产许可证从事危险化学品生产，或者未依法取得工业产品生产许可证从事危险化学品及其包装物、容器生产的，分别依照《安全生产许可证条例》、《中华人民共和国工业产品生产许可证管理条例》的规定处罚。

违反本条例规定，化工企业未取得危险化学品安全使用许可证，使用危险化学品从事生产的，由安全生产监督管理部门责令限期改正，处10万元以上20万元以下的罚款；逾期不改正的，责令停产整顿。

违反本条例规定，未取得危险化学品经营许可证从事危险化学品经营的，由安全生产监督管理部门责令停止经营活动，没收违法经营的危险化学品以及违法所得，并处10万元以上20万元以下的罚款；构成犯罪的，依法追究刑事责任。

第七十八条　有下列情形之一的，由安全生产监督管理部门责令改正，可以处5万元以下的罚款；拒不改正的，处5万元以上10万元以下的罚款；情节严重的，责令停产停业整顿：

（一）生产、储存危险化学品的单位未对其铺设的危险化学品管道设置明显的标志，或者未对危险化学品管道定期检查、检测的；

（二）进行可能危及危险化学品管道安全的施工作业，施工单位未按照规定书面通知管道所属单位，或者未与管道所属单位共同制定应急预案、采取相应的安全防护措施，或者管道所属单位未指派专门人员到现场进行管道安全保护指导的；

（三）危险化学品生产企业未提供化学品安全技术说明书，或者未在包装（包括外包装件）上粘贴、拴挂化学品安全标签的；

（四）危险化学品生产企业提供的化学品安全技术说明书与其生产的危险化学品不相

符，或者在包装（包括外包装件）粘贴、拴挂的化学品安全标签与包装内危险化学品不相符，或者化学品安全技术说明书、化学品安全标签所载明的内容不符合国家标准要求的；

（五）危险化学品生产企业发现其生产的危险化学品有新的危险特性不立即公告，或者不及时修订其化学品安全技术说明书和化学品安全标签的；

（六）危险化学品经营企业经营没有化学品安全技术说明书和化学品安全标签的危险化学品的；

（七）危险化学品包装物、容器的材质以及包装的型式、规格、方法和单件质量（重量）与所包装的危险化学品的性质和用途不相适应的；

（八）生产、储存危险化学品的单位未在作业场所和安全设施、设备上设置明显的安全警示标志，或者未在作业场所设置通信、报警装置的；

（九）危险化学品专用仓库未设专人负责管理，或者对储存的剧毒化学品以及储存数量构成重大危险源的其他危险化学品未实行双人收发、双人保管制度的；

（十）储存危险化学品的单位未建立危险化学品出入库核查、登记制度的；

（十一）危险化学品专用仓库未设置明显标志的；

（十二）危险化学品生产企业、进口企业不办理危险化学品登记，或者发现其生产、进口的危险化学品有新的危险特性不办理危险化学品登记内容变更手续的。

从事危险化学品仓储经营的港口经营人有前款规定情形的，由港口行政管理部门依照前款规定予以处罚。储存剧毒化学品、易制爆危险化学品的专用仓库未按照国家有关规定设置相应的技术防范设施的，由公安机关依照前款规定予以处罚。

生产、储存剧毒化学品、易制爆危险化学品的单位未设置治安保卫机构、配备专职治安保卫人员的，依照《企业事业单位内部治安保卫条例》的规定处罚。

第七十九条 危险化学品包装物、容器生产企业销售未经检验或者经检验不合格的危险化学品包装物、容器的，由质量监督检验检疫部门责令改正，处10万元以上20万元以下的罚款，有违法所得的，没收违法所得；拒不改正的，责令停产停业整顿；构成犯罪的，依法追究刑事责任。

将未经检验合格的运输危险化学品的船舶及其配载的容器投入使用的，由海事管理机构依照前款规定予以处罚。

第八十条 生产、储存、使用危险化学品的单位有下列情形之一的，由安全生产监督管理部门责令改正，处5万元以上10万元以下的罚款；拒不改正的，责令停产停业整顿直至由原发证机关吊销其相关许可证件，并由工商行政管理部门责令其办理经营范围变更登记或者吊销其营业执照；有关责任人员构成犯罪的，依法追究刑事责任：

（一）对重复使用的危险化学品包装物、容器，在重复使用前不进行检查的；

（二）未根据其生产、储存的危险化学品的种类和危险特性，在作业场所设置相关安全设施、设备，或者未按照国家标准、行业标准或者国家有关规定对安全设施、设备进行经常性维护、保养的；

（三）未依照本条例规定对其安全生产条件定期进行安全评价的；

（四）未将危险化学品储存在专用仓库内，或者未将剧毒化学品以及储存数量构成重大危险源的其他危险化学品在专用仓库内单独存放的；

（五）危险化学品的储存方式、方法或者储存数量不符合国家标准或者国家有关规定的；

（六）危险化学品专用仓库不符合国家标准、行业标准的要求的；

（七）未对危险化学品专用仓库的安全设施、设备定期进行检测、检验的。

从事危险化学品仓储经营的港口经营人有前款规定情形的，由港口行政管理部门依照前款规定予以处罚。

第八十一条　有下列情形之一的，由公安机关责令改正，可以处 1 万元以下的罚款；拒不改正的，处 1 万元以上 5 万元以下的罚款：

（一）生产、储存、使用剧毒化学品、易制爆危险化学品的单位不如实记录生产、储存、使用的剧毒化学品、易制爆危险化学品的数量、流向的；

（二）生产、储存、使用剧毒化学品、易制爆危险化学品的单位发现剧毒化学品、易制爆危险化学品丢失或者被盗，不立即向公安机关报告的；

（三）储存剧毒化学品的单位未将剧毒化学品的储存数量、储存地点以及管理人员的情况报所在地县级人民政府公安机关备案的；

（四）危险化学品生产企业、经营企业不如实记录剧毒化学品、易制爆危险化学品购买单位的名称、地址、经办人的姓名、身份证号码以及所购买的剧毒化学品、易制爆危险化学品的品种、数量、用途，或者保存销售记录和相关材料的时间少于 1 年的；

（五）剧毒化学品、易制爆危险化学品的销售企业、购买单位未在规定的时限内将所销售、购买的剧毒化学品、易制爆危险化学品的品种、数量以及流向信息报所在地县级人民政府公安机关备案的；

（六）使用剧毒化学品、易制爆危险化学品的单位依照本条例规定转让其购买的剧毒化学品、易制爆危险化学品，未将有关情况向所在地县级人民政府公安机关报告的。

生产、储存危险化学品的企业或者使用危险化学品从事生产的企业未按照本条例规定将安全评估报告以及整改方案的落实情况报安全生产监督管理部门或者港口行政管理部门备案，或者储存危险化学品的单位未将其剧毒化学品以及储存数量构成重大危险源的其他危险化学品的储存数量、储存地点以及管理人员的情况报安全生产监督管理部门或者港口行政管理部门备案的，分别由安全生产监督管理部门或者港口行政管理部门依照前款规定予以处罚。

生产实施重点环境管理的危险化学品的企业或者使用实施重点环境管理的危险化学品从事生产的企业未按照规定将相关信息向环境保护主管部门报告的，由环境保护主管部门依照本条第一款的规定予以处罚。

第八十二条　生产、储存、使用危险化学品的单位转产、停产、停业或者解散，未采取有效措施及时、妥善处置其危险化学品生产装置、储存设施以及库存的危险化学品，或者丢弃危险化学品的，由安全生产监督管理部门责令改正，处5万元以上10万元以下的罚款；构成犯罪的，依法追究刑事责任。

生产、储存、使用危险化学品的单位转产、停产、停业或者解散，未依照本条例规定将其危险化学品生产装置、储存设施以及库存危险化学品的处置方案报有关部门备案的，分别由有关部门责令改正，可以处1万元以下的罚款；拒不改正的，处1万元以上5万元以下的罚款。

第八十三条 危险化学品经营企业向未经许可违法从事危险化学品生产、经营活动的企业采购危险化学品的，由工商行政管理部门责令改正，处10万元以上20万元以下的罚款；拒不改正的，责令停业整顿直至由原发证机关吊销其危险化学品经营许可证，并由工商行政管理部门责令其办理经营范围变更登记或者吊销其营业执照。

第八十四条 危险化学品生产企业、经营企业有下列情形之一的，由安全生产监督管理部门责令改正，没收违法所得，并处10万元以上20万元以下的罚款；拒不改正的，责令停产停业整顿直至吊销其危险化学品安全生产许可证、危险化学品经营许可证，并由工商行政管理部门责令其办理经营范围变更登记或者吊销其营业执照：

（一）向不具有本条例第三十八条第一款、第二款规定的相关许可证件或者证明文件的单位销售剧毒化学品、易制爆危险化学品的；

（二）不按照剧毒化学品购买许可证载明的品种、数量销售剧毒化学品的；

（三）向个人销售剧毒化学品（属于剧毒化学品的农药除外）、易制爆危险化学品的。

不具有本条例第三十八条第一款、第二款规定的相关许可证件或者证明文件的单位购买剧毒化学品、易制爆危险化学品，或者个人购买剧毒化学品（属于剧毒化学品的农药除外）、易制爆危险化学品的，由公安机关没收所购买的剧毒化学品、易制爆危险化学品，可以并处5000元以下的罚款。

使用剧毒化学品、易制爆危险化学品的单位出借或者向不具有本条例第三十八条第一款、第二款规定的相关许可证件的单位转让其购买的剧毒化学品、易制爆危险化学品，或者向个人转让其购买的剧毒化学品（属于剧毒化学品的农药除外）、易制爆危险化学品的，由公安机关责令改正，处10万元以上20万元以下的罚款；拒不改正的，责令停产停业整顿。

第八十五条 未依法取得危险货物道路运输许可、危险货物水路运输许可，从事危险化学品道路运输、水路运输的，分别依照有关道路运输、水路运输的法律、行政法规的规定处罚。

第八十六条 有下列情形之一的，由交通运输主管部门责令改正，处5万元以上10万元以下的罚款；拒不改正的，责令停产停业整顿；构成犯罪的，依法追究刑事责任：

（一）危险化学品道路运输企业、水路运输企业的驾驶人员、船员、装卸管理人员、押运人员、申报人员、集装箱装箱现场检查员未取得从业资格上岗作业的；

（二）运输危险化学品，未根据危险化学品的危险特性采取相应的安全防护措施，或者未配备必要的防护用品和应急救援器材的；

（三）使用未依法取得危险货物适装证书的船舶，通过内河运输危险化学品的；

（四）通过内河运输危险化学品的承运人违反国务院交通运输主管部门对单船运输的危险化学品数量的限制性规定运输危险化学品的；

（五）用于危险化学品运输作业的内河码头、泊位不符合国家有关安全规范，或者未与饮用水取水口保持国家规定的安全距离，或者未经交通运输主管部门验收合格投入使用的；

（六）托运人不向承运人说明所托运的危险化学品的种类、数量、危险特性以及发生危险情况的应急处置措施，或者未按照国家有关规定对所托运的危险化学品妥善包装并在外包装上设置相应标志的；

（七）运输危险化学品需要添加抑制剂或者稳定剂，托运人未添加或者未将有关情况告知承运人的。

第八十七条　有下列情形之一的，由交通运输主管部门责令改正，处10万元以上20万元以下的罚款，有违法所得的，没收违法所得；拒不改正的，责令停产停业整顿；构成犯罪的，依法追究刑事责任：

（一）委托未依法取得危险货物道路运输许可、危险货物水路运输许可的企业承运危险化学品的；

（二）通过内河封闭水域运输剧毒化学品以及国家规定禁止通过内河运输的其他危险化学品的；

（三）通过内河运输国家规定禁止通过内河运输的剧毒化学品以及其他危险化学品的；

（四）在托运的普通货物中夹带危险化学品，或者将危险化学品谎报或者匿报为普通货物托运的。

在邮件、快件内夹带危险化学品，或者将危险化学品谎报为普通物品交寄的，依法给予治安管理处罚；构成犯罪的，依法追究刑事责任。

邮政企业、快递企业收寄危险化学品的，依照《中华人民共和国邮政法》的规定处罚。

第八十八条　有下列情形之一的，由公安机关责令改正，处5万元以上10万元以下的罚款；构成违反治安管理行为的，依法给予治安管理处罚；构成犯罪的，依法追究刑事责任：

（一）超过运输车辆的核定载质量装载危险化学品的；

（二）使用安全技术条件不符合国家标准要求的车辆运输危险化学品的；

（三）运输危险化学品的车辆未经公安机关批准进入危险化学品运输车辆限制通行的区域的；

（四）未取得剧毒化学品道路运输通行证，通过道路运输剧毒化学品的。

第八十九条　有下列情形之一的，由公安机关责令改正，处1万元以上5万元以下的罚款；构成违反治安管理行为的，依法给予治安管理处罚：

（一）危险化学品运输车辆未悬挂或者喷涂警示标志，或者悬挂或者喷涂的警示标志不符合国家标准要求的；

（二）通过道路运输危险化学品，不配备押运人员的；

（三）运输剧毒化学品或者易制爆危险化学品途中需要较长时间停车，驾驶人员、押运人员不向当地公安机关报告的；

（四）剧毒化学品、易制爆危险化学品在道路运输途中丢失、被盗、被抢或者发生流散、泄漏等情况，驾驶人员、押运人员不采取必要的警示措施和安全措施，或者不向当地公安机关报告的。

第九十条 对发生交通事故负有全部责任或者主要责任的危险化学品道路运输企业，由公安机关责令消除安全隐患，未消除安全隐患的危险化学品运输车辆，禁止上道路行驶。

第九十一条 有下列情形之一的，由交通运输主管部门责令改正，可以处1万元以下的罚款；拒不改正的，处1万元以上5万元以下的罚款：

（一）危险化学品道路运输企业、水路运输企业未配备专职安全管理人员的；

（二）用于危险化学品运输作业的内河码头、泊位的管理单位未制定码头、泊位危险化学品事故应急救援预案，或者未为码头、泊位配备充足、有效的应急救援器材和设备的。

第九十二条 有下列情形之一的，依照《中华人民共和国内河交通安全管理条例》的规定处罚：

（一）通过内河运输危险化学品的水路运输企业未制定运输船舶危险化学品事故应急救援预案，或者未为运输船舶配备充足、有效的应急救援器材和设备的；

（二）通过内河运输危险化学品的船舶的所有人或者经营人未取得船舶污染损害责任保险证书或者财务担保证明的；

（三）船舶载运危险化学品进出内河港口，未将有关事项事先报告海事管理机构并经其同意的；

（四）载运危险化学品的船舶在内河航行、装卸或者停泊，未悬挂专用的警示标志，或者未按照规定显示专用信号，或者未按照规定申请引航的。

未向港口行政管理部门报告并经其同意，在港口内进行危险化学品的装卸、过驳作业的，依照《中华人民共和国港口法》的规定处罚。

第九十三条 伪造、变造或者出租、出借、转让危险化学品安全生产许可证、工业产品生产许可证，或者使用伪造、变造的危险化学品安全生产许可证、工业产品生产许可证的，分别依照《安全生产许可证条例》、《中华人民共和国工业产品生产许可证管理条例》的规定处罚。

伪造、变造或者出租、出借、转让本条例规定的其他许可证，或者使用伪造、变造的本条例规定的其他许可证的，分别由相关许可证的颁发管理机关处10万元以上20万元以下的罚款，有违法所得的，没收违法所得；构成违反治安管理行为的，依法给予治安管理处罚；构成犯罪的，依法追究刑事责任。

第九十四条 危险化学品单位发生危险化学品事故，其主要负责人不立即组织救援或者不立即向有关部门报告的，依照《生产安全事故报告和调查处理条例》的规定处罚。

危险化学品单位发生危险化学品事故，造成他人人身伤害或者财产损失的，依法承担赔偿责任。

第九十五条 发生危险化学品事故，有关地方人民政府及其有关部门不立即组织实施救援，或者不采取必要的应急处置措施减少事故损失，防止事故蔓延、扩大的，对直接负责的主管人员和其他直接责任人员依法给予处分；构成犯罪的，依法追究刑事责任。

第九十六条 负有危险化学品安全监督管理职责的部门的工作人员，在危险化学品安全监督管理工作中滥用职权、玩忽职守、徇私舞弊，构成犯罪的，依法追究刑事责任；尚不构成犯罪的，依法给予处分。

第八章 附 则

第九十七条 监控化学品、属于危险化学品的药品和农药的安全管理，依照本条例的规定执行；法律、行政法规另有规定的，依照其规定。

民用爆炸物品、烟花爆竹、放射性物品、核能物质以及用于国防科研生产的危险化学品的安全管理，不适用本条例。

法律、行政法规对燃气的安全管理另有规定的，依照其规定。

危险化学品容器属于特种设备的，其安全管理依照有关特种设备安全的法律、行政法规的规定执行。

第九十八条 危险化学品的进出口管理，依照有关对外贸易的法律、行政法规、规章的规定执行；进口的危险化学品的储存、使用、经营、运输的安全管理，依照本条例的规定执行。

危险化学品环境管理登记和新化学物质环境管理登记，依照有关环境保护的法律、行政法规、规章的规定执行。危险化学品环境管理登记，按照国家有关规定收取费用。

第九十九条 公众发现、捡拾的无主危险化学品，由公安机关接收。公安机关接收或者有关部门依法没收的危险化学品，需要进行无害化处理的，交由环境保护主管部门组织其认定的专业单位进行处理，或者交由有关危险化学品生产企业进行处理。处理所需费用由国家财政负担。

第一百条 化学品的危险特性尚未确定的，由国务院安全生产监督管理部门、国务院环境保护主管部门、国务院卫生主管部门分别负责组织对该化学品的物理危险性、环境危害性、毒理特性进行鉴定。根据鉴定结果，需要调整危险化学品目录的，依照本条例第三条第二款的规定办理。

第一百零一条 本条例施行前已经使用危险化学品从事生产的化工企业，依照本条例规定需要取得危险化学品安全使用许可证的，应当在国务院安全生产监督管理部门规定的期限内，申请取得危险化学品安全使用许可证。

第一百零二条 本条例自 2011 年 12 月 1 日起施行。

后 记

一个人的安全不仅仅是自己的，还牵动着每一个家庭，牵动着全社会的神经。本书通过对化工生产相关领域内的典型事故的原因分析，总结出化工生产作业中常见的典型的违章行为，并提出了预防措施，归纳出了对应的规范操作方法，以为化工生产从业人员提高安全生产意识，改进安全生产方式提供参考和借鉴。历史经验表明，同一类型的事故在间隔一段时间后会重复发生。随着时间的流逝，人们会忘记事故的教训。本书通过对大量鲜活事故的解析，时刻提醒大家提高警惕，以防悲剧重演。

王伟、裴丛波、孙绍恒、王鹏、杨凯、胡宇、向台敏、冯潇、刘建广、卢志雄、王旭东、宋红攀、金田、张刘玉、宋宇星等参与了编写工作。本书中涉及的案例资料众多，工作量较大，编写时间长，能够顺利出版，离不开每位编写者的心血与智慧。大家对案例进行了精心的筛选，对案例中存在的违章行为进行了鞭辟入里的分析，反复推敲、仔细求证、以臻完善，在此谨致诚挚的谢意！